技工院校计算机类专业（中／高级技能层级）

Photoshop图像处理

（第二版）

实训题集

主　编　周大勇
副主编　袁　路　任姝亭

中国劳动社会保障出版社

简介

本书是技工院校计算机类专业教材（中 / 高级技能层级）《Photoshop 图像处理（第二版）》的配套实训题集。

本书按照教材的项目、任务顺序编排，根据教材讲授的知识与技能设置实训任务，具有较强的可操作性和拓展性，可帮助学生进一步巩固所学知识，锻炼实际操作技能。

完成本书中实训任务所需的相关素材可通过技工教育网（https://jg.class.com.cn）下载使用。

本书由周大勇担任主编，袁路、任姝亭担任副主编，魏莎、李琳玉、黄芳、杨羽、袁秋芹参与编写。

图书在版编目（CIP）数据

Photoshop 图像处理（第二版）实训题集：技工院校计算机类专业：中 / 高级技能层级 / 周大勇主编 . 北京：中国劳动社会保障出版社，2025. --ISBN 978-7-5167-6757-3

Ⅰ. TP391.413-44

中国国家版本馆 CIP 数据核字第 2024J96V33 号

中国劳动社会保障出版社出版发行

（北京市惠新东街 1 号　邮政编码：100029）

*

北京宏伟双华印刷有限公司印刷装订　　新华书店经销

787 毫米 ×1092 毫米　16 开本　8 印张　156 千字

2025 年 1 月第 1 版　　2025 年 1 月第 1 次印刷

定价：20.00 元

营销中心电话：400-606-6496

出版社网址：https://www.class.com.cn

https://jg.class.com.cn

目录

CONTENTS

项目一
图像的简单编辑

实训任务 1　制作文房四宝拼图效果

一、实训情境

在某广告公司，设计师从设计总监处接受一项设计任务，为某美术文具店制作文房四宝拼图效果，方便店家进行商品宣传。要求设计师在 15 min 内，根据所提供的笔、墨、纸、砚及桌面等图片素材（见图 1–1–1），应用 Photoshop 2023 软件进行图像处理，得到图 1–1–2 所示的最终效果。

图 1–1–1　文房四宝拼图素材

a）笔　b）墨　c）纸　d）砚　e）桌面

图 1-1-2　文房四宝拼图效果

二、实训分析

要完成本实训任务，应按照图 1-1-3 所示的思维导图复习教材中学到的知识点和技能点。

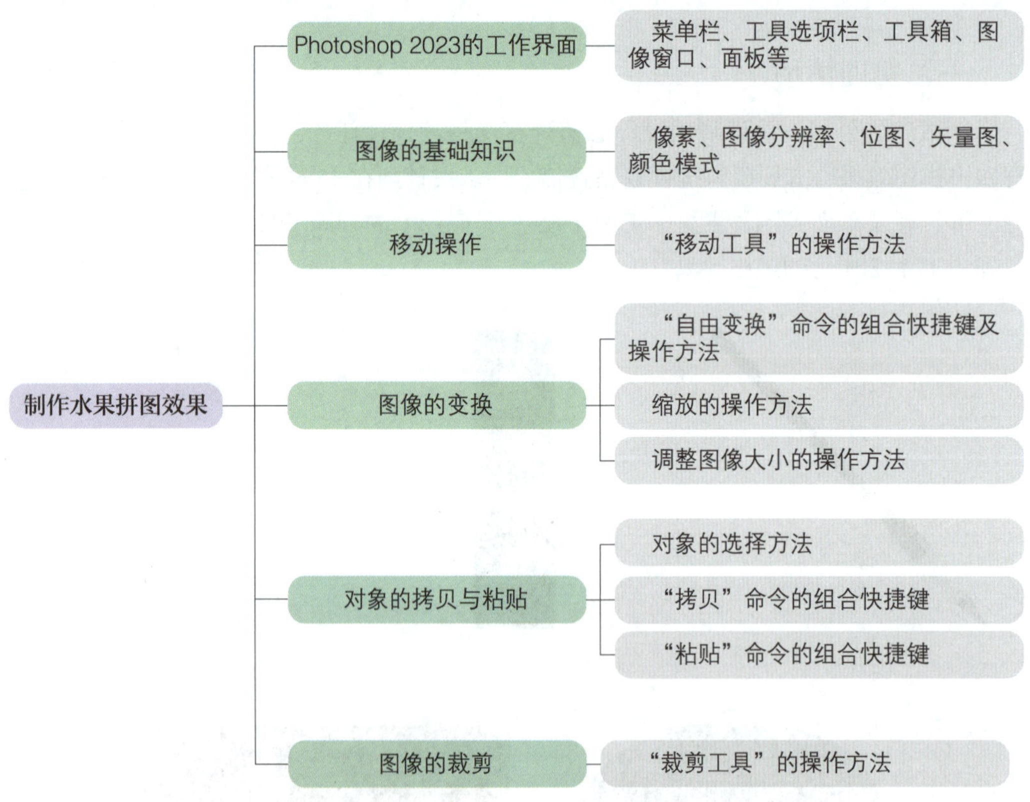

图 1-1-3　教材内容的思维导图

本实训任务是根据所提供的图片素材，使用“移动工具”“裁剪工具”以及“拷贝”“粘贴”“自由变换”命令等进行图像的简单编辑，把素材组合成文房四宝，最后在小组或班级里进行作品展示、分享和评价。在完成实训任务的过程中，应注意“拷贝”命令、“粘贴”命令、“自由变换”命令、“裁剪工具”的使用方法与技巧。

三、实训计划制订

根据任务分析，制订完成本实训任务的实训计划，填入表 1–1–1 中。

表 1–1–1　实训计划

序号	工作内容	所需时间

四、操作步骤提示

本实训任务的操作步骤提示见表 1–1–2。

表 1–1–2　操作步骤提示

序号	操作步骤	内容
1	打开素材文件	打开笔、墨、纸、砚及桌面图片素材文件
2	复制图像	选择笔图片素材，将其通过“拷贝”“粘贴”命令复制到桌面图片素材文件中
3	调整图像的大小和位置	单击“编辑”→“自由变换”命令，调整笔图片素材的大小；单击工具箱中的“移动工具”，将笔图片素材移动至合适的位置
4	复制并调整其他图像	重复前面的步骤，分别将墨、纸及砚图片素材通过“拷贝”“粘贴”命令复制到桌面图片素材文件中，并调整其大小和位置
5	裁剪图像	单击工具箱中的“裁剪工具”，调整裁剪边界，对图像进行裁剪
6	保存文件	单击“文件”→“存储为”命令，以 PSD 格式保存文件

五、实训评价

实训任务完成后，学生展示作品，解说完成实训任务过程中的心得体会。展示结束后，可以从工具使用、软件操作、作品效果、成果展示等方面，采用学生自评、学生互评、教师评价相结合的多元评价方式，对该实训任务进行评价，见表 1–1–3。

表 1-1-3　实训评价

序号	评价要求	配分 / 分	学生自评（占比 30%）	学生互评（占比 30%）	教师评价（占比 40%）
1	对实训任务的分析准确到位，制订实训计划的思路清晰、合理	10			
2	能熟练使用“自由变换”命令调整图像的大小	10			
3	能熟练使用“裁剪工具”对图像进行裁剪，以强化构图效果	10			
4	能灵活使用菜单命令、组合快捷键和工具完成素材的拷贝、粘贴和移动	15			
5	最终效果图的版式及构图合理	15			
6	成果展示时语言流利、解说准确、理解深刻、逻辑清晰，能较好地与老师、同学进行沟通、交流和分享	20			
7	严格遵守实训课堂管理相关规定，落实 6S 管理规定	20			
综合得分					

六、实训拓展

1. 根据所给摆桌台面、蟠龙菜、香煎武昌鱼托、太师饼及抹茶酥等图片素材（见图 1-1-4），应用 Photoshop 2023 软件进行技术处理，将美食图片摆放到摆桌台面图片的合适位置，最终效果如图 1-1-5 所示。

a）

b）　　c）　　d）　　e）

图 1-1-4　美食等图片素材

a）摆桌台面　b）蟠龙菜　c）香煎武昌鱼托　d）太师饼　e）抹茶酥

图 1-1-5　美食图片摆放最终效果

2. 根据所给蝴蝶及花图片素材（见图 1-1-6），应用 Photoshop 2023 软件进行技术处理，最终效果如图 1-1-7 所示。

a）

b）　　　　c）　　　　d）

图 1-1-6　蝴蝶及花图片素材
a）花　b）蝴蝶 1　c）蝴蝶 2　d）蝴蝶 3

图 1-1-7　蝴蝶及花最终效果

3. 根据所给青山、云彩、太阳及鸟图片素材（见图 1-1-8），应用 Photoshop 2023 软件进行技术处理，制作旭日东升图像，最终效果如图 1-1-9 所示。

a）

b）

c）

d）

图 1-1-8　旭日东升图像图片素材
a）青山　b）云彩　c）太阳　d）鸟

图 1-1-9　旭日东升图像最终效果

七、知识巩固与提高

1. 新建文件的组合快捷键是（　　）。

A. Ctrl+Q　　B. Ctrl+F　　C. Ctrl+N　　D. Alt+N

2. 对图像进行自由变换的组合快捷键是（　　）。

A. Ctrl+R　　B. Ctrl+T　　C. Shift+R　　D. Shift+T

3. “自由变换”命令可以在“（　　）”菜单中找到。

A. 图像　　B. 图层　　C. 选择　　D. 编辑

4. 下列颜色模式之间的转换无法直接实现的是（　　）。

A. RGB 颜色模式转 CMYK 颜色模式

B. RGB 颜色模式转灰度模式

C. RGB 颜色模式转位图模式

D. CMYK 颜色模式转 RGB 颜色模式

5. 通常情况下，印刷品使用（　　）模式。

A. RGB 颜色　　B. CMYK 颜色　　C. Lab 颜色　　D. 灰度

实训任务 2　制作儿童印花背心效果

一、实训情境

个性印花的儿童服装深受大众喜爱，通过定制和个性化的设计，为孩子们提供更多选择。在某广告公司，设计师从设计总监处接受一项设计任务，为儿童背心制作印花效果。要求设计师在 15 min 内，根据所提供的图片素材（见图 1–2–1），应用 Photoshop 2023 软件进行图像处理，得到图 1–2–2 所示的最终效果。

a）

b）

图 1–2–1　儿童印花背心图片素材
a）儿童　b）花

图 1–2–2　儿童印花背心最终效果

二、实训分析

要完成本实训任务，应按照图 1–2–3 所示的思维导图复习教材中学到的知识点和技能点。

本实训任务是根据所提供的图片素材，使用“快速选择工具”“图案图章工具”“仿制图章工具”等进行图像的编辑，为儿童背心制作印花效果，最后在小组或班级里进行作品展示、分享和评价。在完成实训任务的过程中，应注意“图案图章工具”与“仿制图章工具”的使用方法与区别。

三、实训计划制订

根据任务分析，制订完成本实训任务的实训计划，填入表 1–2–1 中。

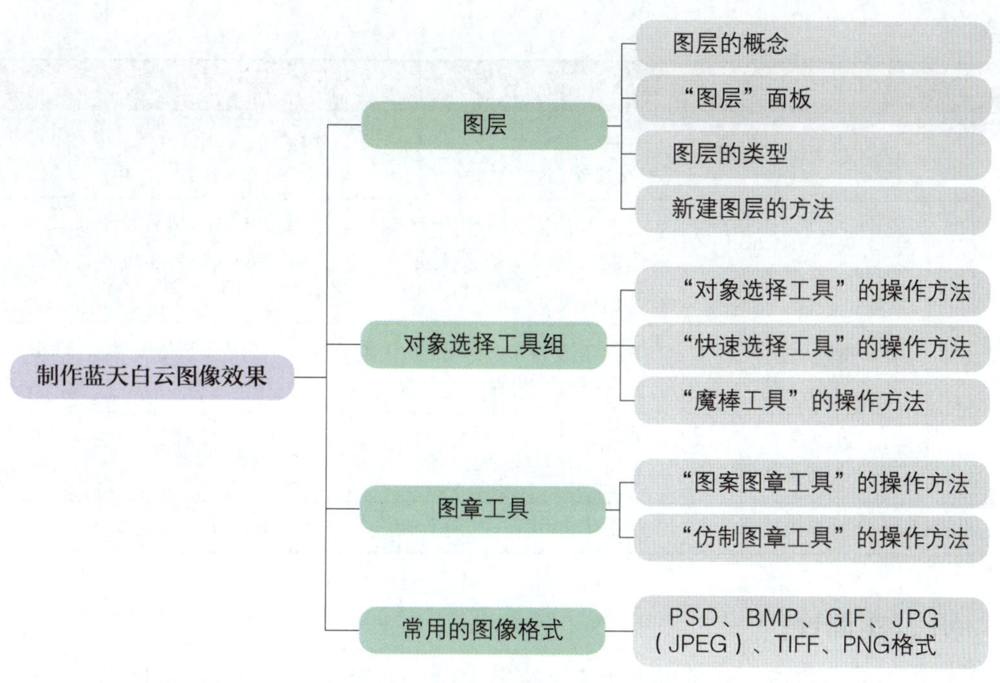

图 1-2-3　教材内容的思维导图

表 1-2-1　实训计划

序号	工作内容	所需时间

四、操作步骤提示

本实训任务的操作步骤提示见表 1-2-2。

表 1-2-2　操作步骤提示

序号	操作步骤	内容
1	打开素材文件	打开儿童和花图片素材文件

续表

序号	操作步骤	内容
2	自定义“印花图案”	单击“编辑”→“定义图案”命令，将花图片素材自定义为“印花图案”
3	用“快速选择工具”选取白色背心	单击工具箱中的“快速选择工具”，在工具选项栏中单击“添加到选区”或“从选区减去”按钮，在背心的白色区域单击并拖动画笔，获得选区
4	用“图案图章工具”绘制印花	单击工具箱中的“图案图章工具”，选择“印花图案”，在背心选区内涂抹，制作印花效果
5	用“仿制图章工具”修饰细节	单击工具箱中的“仿制图章工具”，对背心的肩带、颈口等局部细节处进行修饰处理
6	保存文件	单击“文件”→“存储为”命令，以 PSD 格式保存文件

五、实训评价

实训任务完成后，学生展示作品，解说完成实训任务过程中的心得体会。展示结束后，可以从工具使用、软件操作、作品效果、成果展示等方面，采用学生自评、学生互评、教师评价相结合的多元评价方式，对该实训任务进行评价，见表 1–2–3。

表 1–2–3　实训评价

序号	评价要求	配分 / 分	学生自评（占比 30%）	学生互评（占比 30%）	教师评价（占比 40%）
1	对实训任务的分析准确到位，制订实训计划的思路清晰、合理	10			
2	能熟练自定义图案并使用“快速选择工具”创建选区	20			
3	能熟练使用“图案图章工具”和“仿制图章工具”修饰图像	20			
4	最终效果图的版式及构图合理	10			
5	成果展示时语言流利、解说准确、理解深刻、逻辑清晰，能较好地与老师、同学进行沟通、交流和分享	20			
6	严格遵守实训课堂管理相关规定，落实 6S 管理规定	20			
综合得分					

六、实训拓展

1. 根据所给图片素材（见图 1–2–4），应用 Photoshop 2023 软件进行技术处理，最终效果如图 1–2–5 所示。

图 1–2–4　湖边小鸟图片素材

图 1–2–5　湖边小鸟最终效果

2. 根据所给茶台和图案图片素材（见图 1–2–6），应用 Photoshop 2023 软件进行技术处理，为茶台添加图案，最终效果如图 1–2–7 所示。

a）

b）

图 1–2–6　茶台和图案图片素材

a）茶台　b）图案

图 1–2–7　茶台最终效果

七、知识巩固与提高

1. 双击（　　）可以实现按照 100% 比例显示图像。

A. 图像空白区域　　B. “缩放工具”

C. “抓手工具”　　D. 图层缩览图

2. 使用“魔棒工具”时，容差值越小，选取的范围（　　）。

A. 越小　　B. 越大

C. 不受影响　　D. 色彩越多

3. 下列关于“图案图章工具”的描述中，错误的是（　　）。

A. 可以自定义图案进行绘制

B. 可以选择预设图案进行绘制

C. 需要按住 Alt 键取样后才能绘制

D. 可以调整不透明度和流量

4. 使用“仿制图章工具”时，需按住（　　）键确定取样点。

A. Enter　　B. Alt

C. Shift　　D. Ctrl

5. Photoshop 软件专用的图像格式是（　　）格式。

A. JPEG　　B. PNG

C. BMP　　D. PSD

实训任务 3　制作茶和茶叶合成效果

一、实训情境

在某广告公司，设计师从设计总监处接受一项设计任务，为某茶叶公司制作产品宣传图。要求设计师在 15 min 内，根据所提供的茶和茶叶图片素材（见图 1-3-1），应用 Photoshop 2023 软件进行图像合成，得到图 1-3-2 所示的最终效果。

a）

b）

图 1-3-1　茶和茶叶图片素材
a）茶　b）茶叶

图 1-3-2　茶和茶叶合成最终效果

二、实训分析

要完成本实训任务，应按照图 1-3-3 所示的思维导图复习教材中学到的知识点和技能点。

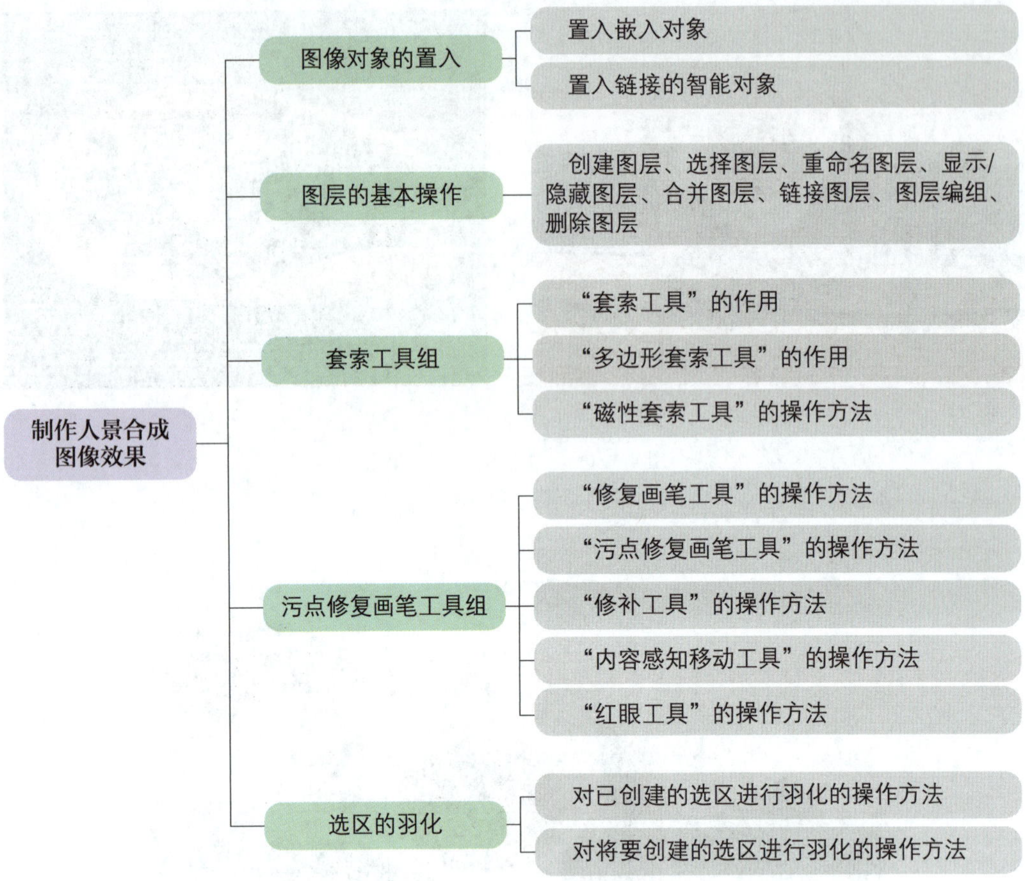

图 1-3-3　教材内容的思维导图

本实训任务是根据所提供的图片素材，使用“磁性套索工具”“修复画笔工具”“污点修复画笔工具”等进行图像的编辑，最后在小组或班级里进行作品展示、分享和评价。在完成实训任务的过程中，应注意“修复画笔工具”与“污点修复画笔工具”的使用技巧和区别。

三、实训计划制订

根据任务分析，制订完成本实训任务的实训计划，填入表 1-3-1 中。

表 1-3-1　实训计划

序号	工作内容	所需时间

续表

序号	工作内容	所需时间

四、操作步骤提示

本实训任务的操作步骤提示见表 1–3–2。

表 1–3–2　操作步骤提示

序号	操作步骤	内容
1	打开素材文件	打开茶和茶叶图片素材文件
2	创建茶叶选区	单击工具箱中的“磁性套索工具”，沿茶叶边缘拖动，生成选区，在工具选项栏中单击“添加到选区”或“从选区减去”按钮，对创建的茶叶选区边缘进行调整
3	精细调整选区边缘	单击工具箱中的“磁性套索工具”，在工具选项栏中单击“选择并遮住”按钮，在弹出的“属性”面板中设置平滑为 5、羽化为 2.0 像素、对比度保持为 0% 不变、移动边缘为 −3%，勾选“净化颜色”复选框，设置数量为 50%，输出到“新建图层”，单击“确定”按钮，完成茶叶的抠图
4	调整茶叶的大小和位置	将抠出的茶叶复制到茶图片素材的图像窗口中，按 Ctrl+T 组合快捷键调整茶叶的大小，并将其放到合适的位置，修改图层名称为“茶叶”
5	给茶叶添加投影	双击“茶叶”图层，打开“图层样式”对话框，为图层添加“投影”图层样式，设置混合模式为“正片叠底”、不透明度为 39%、角度为 133 度、距离为 32 像素、扩展为 25%、大小为 40 像素
6	修复茶杯托盘	使用“污点修复画笔工具”在茶杯托盘上的水渍处涂抹并去除水渍
7	修复茶桌	使用“修复画笔工具”去除茶桌上掉落的小茶叶
8	保存文件	分别以 PSD 和 JPG 格式保存文件，命名为“白茶”

五、实训评价

实训任务完成后，学生展示作品，解说完成实训任务过程中的心得体会。展示结束后，可以从工具使用、软件操作、作品效果、成果展示等方面，采用学生自评、学生互评、教师评价相结合的多元评价方式，对该实训任务进行评价，见表 1–3–3。

表 1-3-3　实训评价

序号	评价要求	配分 / 分	学生自评（占比 30%）	学生互评（占比 30%）	教师评价（占比 40%）
1	对实训任务的分析准确到位，制订实训计划的思路清晰、合理	10			
2	能熟练使用“磁性套索工具”创建选区	15			
3	能熟练使用“污点修复画笔工具”和“修复画笔工具”修复图像瑕疵	15			
4	能按指定格式正确保存文件	10			
5	最终效果图的版式及构图合理	10			
6	成果展示时语言流利、解说准确、理解深刻、逻辑清晰，能较好地与老师、同学进行沟通、交流和分享	20			
7	严格遵守实训课堂管理相关规定，落实 6S 管理规定	20			
综合得分					

六、实训拓展

1. 根据所给植物图片素材（见图 1-3-4），应用 Photoshop 2023 软件进行“移花接木”技术处理，将红色花朵和黄色花朵合成在多肉绿植上，最终效果如图 1-3-5 所示。

a）

b）

c）

图 1-3-4　植物图片素材

a）多肉绿植　b）红色花朵　c）黄色花朵

图 1-3-5　多肉绿植合成最终效果

2. 根据所给图片素材（见图 1-3-6），应用 Photoshop 2023 软件进行技术处理，将人物和风景进行合成，最终效果如图 1-3-7 所示。

a）

b）

图 1-3-6　人景合成图片素材
a）人物　b）风景

图 1-3-7　人景合成最终效果

七、知识巩固与提高

1. 下列工具和命令中，不可以选择像素的是（　　）。

A. “魔棒工具”　　B. “套索工具”

C. “羽化”命令　　D. “色彩范围”命令

2. 能给人像去痣的工具不包括“(　　)”。

A. 修复画笔工具　　B. 污点修复画笔工具

C. 修补工具　　D. 魔棒工具

3. 下列关于“修复画笔工具”使用的描述中，不正确的是（　　）。

A. “修复画笔工具”可以用样本像素修复图像中的瑕疵

B. 在两幅图像之间进行修复时，要求两幅图像具有相同的颜色模式

C. 在使用“修复画笔工具”时，可以更改画笔的大小

D. 在使用“修复画笔工具”时，要先按住 Ctrl 键确定取样点

4. 新建图层的组合快捷键是（　　）。

A. Ctrl+N　　B. Ctrl+Shift+N　　C. Ctrl+G　　D. Ctrl+Q

5. 下列工具中，不需要取样就可以修复图像的是“(　　)”。

A. 修复画笔工具　　B. 仿制图章工具

C. 污点修复画笔工具　　D. 以上选项都不对

实训任务 4　制作明信片

一、实训情境

在某广告公司，设计师从设计总监处接受一项设计任务，为某景区制作文创明信片，用来传递景区的信息，同时也可作为纪念品。我国标准邮资明信片的尺寸通常为 148 mm × 100 mm，制作时周边一般留 2 mm 出血，即制作尺寸为 152 mm × 104 mm。为了保证印刷质量，制作时文档分辨率至少为 300 dpi，颜色模式为 CMYK。要求设计师在 15 min 内，根据所提供的图片素材（见图 1-4-1），应用 Photoshop 2023 软件按要求制作明信片，最终效果如图 1-4-2 所示。

a）

b）

图 1-4-1　制作明信片的图片素材

a）牌坊　b）荷花

图 1-4-2　明信片最终效果

二、实训分析

要完成本实训任务，应按照图 1-4-3 所示的思维导图复习教材中学到的知识点和技能点。

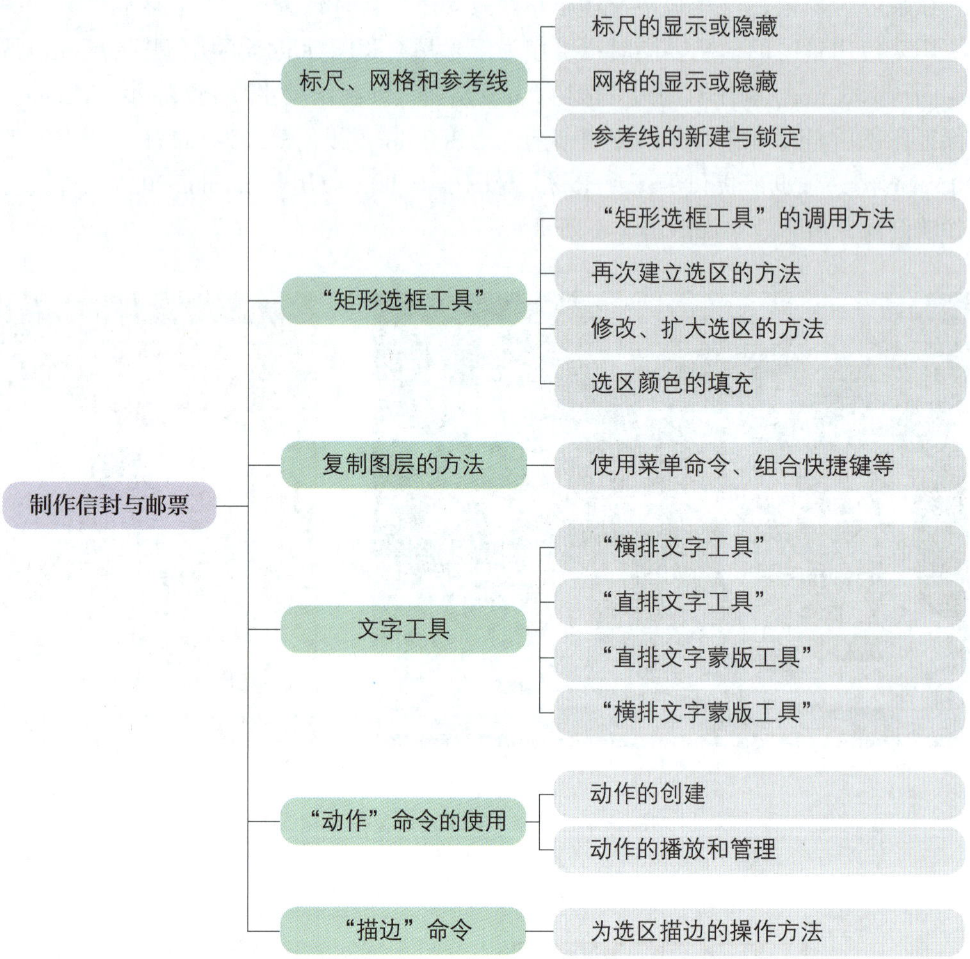

图 1-4-3 教材内容的思维导图

本实训任务是根据所提供的图片素材，使用“矩形选框工具”、文字工具、“描边”命令、“动作”命令等进行图像的简单编辑，制作文创明信片，最后在小组或班级里进行作品展示、分享和评价。在完成实训任务的过程中，应注意“矩形选框工具”和“描边”命令的使用方法与技巧。

三、实训计划制订

根据任务分析，制订完成本实训任务的实训计划，填入表 1-4-1 中。

表 1-4-1　实训计划

序号	工作内容	所需时间

四、操作步骤提示

本实训任务的操作步骤提示见表 1-4-2。

表 1-4-2　操作步骤提示

序号	操作步骤	内容
1	新建文档	设置文档名称为"明信片"，宽度为 152 毫米，高度为 104 毫米，分辨率为 300 像素 / 英寸，颜色模式为 CMYK 颜色、8 bit（位），背景内容为白色
2	绘制收件人邮编框	新建图层，修改图层名称为"收件人邮编框"，单击工具箱中的"矩形选框工具"，绘制正方形选区，单击"编辑"→"描边"命令，设置描边宽度为 9 像素、颜色为红色（R：255，G：0，B：0）、位置为"居外"。复制"收件人邮编框"图层 5 次，确定第一个和最后一个正方形的位置，使用水平分布的对齐方式调整 6 个正方形的位置
3	制作寄件人邮编区域	单击工具箱中的"横排文字工具"，在工具选项栏中设置字体为"宋体"、字体大小为 12 点、文本颜色为黑色，在画布右下角空白处单击，输入文字"邮政编码："，提交文字信息
4	打开素材文件	打开牌坊和荷花图片素材文件
5	拷贝、粘贴素材	将牌坊和荷花素材拷贝、粘贴到"明信片"图像窗口中
6	调整素材	使用"自由变换"命令调整牌坊和荷花素材的大小和位置
7	涂抹素材边缘	单击工具箱中的"画笔工具"，选择"湿介质画笔"→"Kyle 的真实油画 -01"画笔在牌坊素材上下边缘处进行涂抹
8	制作邮票	使用教材学习任务中创建的"邮票效果动作"将荷花素材制作成邮票

续表

序号	操作步骤	内容
9	制作文本	使用“横排文字工具”和“直排文字工具”制作邮票上的文字内容
10	绘制地址栏	使用“直线工具”绘制 3 条横线，并设置其样式
11	保存文件	分别以 PSD 和 JPG 格式保存文件

五、实训评价

实训任务完成后，学生展示作品，解说完成实训任务过程中的心得体会。展示结束后，可以从工具使用、软件操作、作品效果、成果展示等方面，采用学生自评、学生互评、教师评价相结合的多元评价方式，对该实训任务进行评价，见表 1-4-3。

表 1-4-3　实训评价

序号	评价要求	配分 / 分	学生自评（占比 30%）	学生互评（占比 30%）	教师评价（占比 40%）
1	对实训任务的分析准确到位，制订实训计划的思路清晰、合理	10			
2	能熟练使用“矩形选框工具”“画笔工具”、文字工具等	15			
3	能熟练使用“描边”命令、“动作”命令、“自由变换”命令等	15			
4	能按指定格式正确保存文件	10			
5	最终效果图的版式及构图合理	10			
6	成果展示时语言流利、解说准确、理解深刻、逻辑清晰，能较好地与老师、同学进行沟通、交流和分享	20			
7	严格遵守实训课堂管理相关规定，落实 6S 管理规定	20			
综合得分					

六、实训拓展

1. 根据所给卡通月兔和书法图片素材（见图 1-4-4），应用 Photoshop 2023 软件制作中秋活动邀请函，最终效果如图 1-4-5 所示。

a）　　b）

图 1-4-4　中秋活动邀请函图片素材

a）卡通月兔　b）书法

ZHONG QIU JIA JIE YAO QING HAN

中秋 浓情 邀请函

但愿人长久 千里共婵娟

尊敬的________先生（女士）

海上生明月，天涯共此时。时值2024盛世年华的中秋到来之际，我们以拳拳之心、眷眷之情，相邀您于2024年9月17日18:30参加在我公司小礼堂举办的中秋活动，共同祝愿家人、朋友幸福、健康、平安！阖家团圆！

创意广告有限公司

2024年9月15日

图 1-4-5　中秋活动邀请函最终效果

2. 根据所给春水绿波自然风景区图片素材（见图 1-4-6），应用 Photoshop 2023 软件制作春水绿波自然风景区门票，最终效果如图 1-4-7 所示。

图 1-4-6　春水绿波自然风景区图片素材

图 1-4-7　春水绿波自然风景区门票最终效果

3. 根据所给火锅和艺术笔刷图片素材（见图 1–4–8），应用 Photoshop 2023 软件制作火锅宣传图片，最终效果如图 1–4–9 所示。

a）

b）

图 1-4-8　火锅宣传图片素材

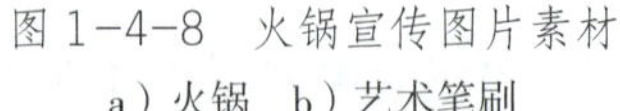

a）火锅　b）艺术笔刷

图 1-4-9　火锅宣传图片最终效果

4. 根据所给花海图片素材（见图 1-4-10），应用 Photoshop 2023 软件添加文字和相片边框，制作“遇见花开”相框效果，最终效果如图 1-4-11 所示。

图 1-4-10　花海图片素材

图 1-4-11　“遇见花开”相框最终效果

七、知识巩固与提高

1.“动作”命令在“(　　　)”菜单中。

A. 文件　　　　B. 编辑　　　　C. 视图　　　　D. 窗口

2. “(　　)”可以用于制作可定义为画笔及图案的选区。

A. 矩形选框工具　　B. 椭圆选框工具

C. 魔棒工具　　D. 套索工具

3. 选区的描边位置不包括（　　）。

A. 居外　　B. 居中　　C. 内部　　D. 边缘

4. 在使用“矩形选框工具”时，按住（　　）可以创建一个以落点为中心的正方形选区。

A. Ctrl 键　　B. Ctrl+Shift 组合键

C. Alt+Shift 组合键　　D. Shift 键

5. 打开“动作”面板的组合快捷键是（　　）。

A. Ctrl+N　　B. Ctrl+S　　C. Alt+F5　　D. Alt+F9

项目二
图像的绘制

实训任务 1　绘制美丽草原风景图

一、实训情境

在某广告公司，设计师从设计总监处接受一项设计任务，为某图书绘制美丽草原风景图。要求设计师在 15 min 内，根据所提供的背景图片素材（见图 2-1-1），应用 Photoshop 2023 软件进行图像绘制，得到图 2-1-2 所示的最终效果。

图 2-1-1　背景图片素材

图 2-1-2　美丽草原风景图最终效果

二、实训分析

要完成本实训任务，应按照图 2-1-3 所示的思维导图复习教材中学到的知识点和技能点。

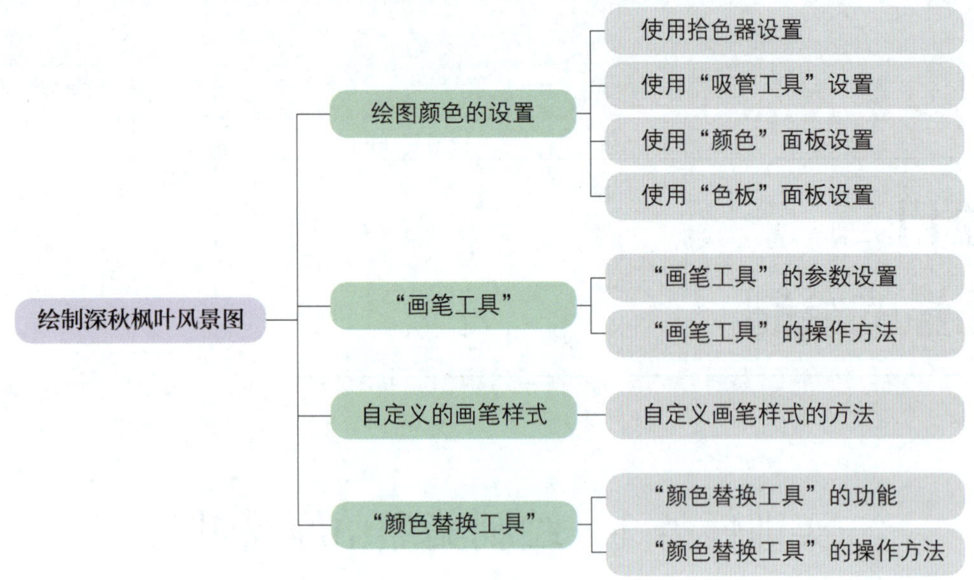

图 2-1-3　教材内容的思维导图

本实训任务是根据所提供的图片素材，使用“画笔工具”绘制绿色草地和鲜花，得到美丽草原风景图，最后在小组或班级里进行作品展示、分享和评价。在完成实训任务的过程中，应注意绘图颜色的设置方法和“画笔工具”的使用技巧。

三、实训计划制订

根据任务分析，制订完成本实训任务的实训计划，填入表 2-1-1 中。

表 2-1-1　实训计划

序号	工作内容	所需时间

四、操作步骤提示

本实训任务的操作步骤提示见表 2-1-2。

表 2-1-2　操作步骤提示

序号	操作步骤	内容
1	打开素材文件	打开背景图片素材文件
2	绘制绿色背景	单击工具箱中的“画笔工具”，设置前景色为绿色，选择“柔边圆”画笔样式，在画布下方位置进行涂抹
3	绘制绿草	单击工具箱中的“画笔工具”，设置背景色为绿色、前景色为黄色，选择“草”画笔样式，在画布下方的绿色背景上进行涂抹
4	绘制鲜花	单击工具箱中的“画笔工具”，设置背景色为白色、前景色为红色，选择“杜鹃花串”画笔样式，在绿色草地上进行涂抹，绘制红色鲜花。用同样的方法绘制其他颜色的鲜花
5	保存和导出文件	先以 PSD 格式保存文件，然后单击“文件”→“导出”→“导出为”命令，弹出“导出为”对话框，设置文件格式为 JPG，导出 JPG 图像文件

五、实训评价

实训任务完成后，学生展示作品，解说完成实训任务过程中的心得体会。展示结束后，可以从工具使用、软件操作、作品效果、成果展示等方面，采用学生自评、学生互评、教师评价相结合的多元评价方式，对该实训任务进行评价，见表 2-1-3。

表 2-1-3　实训评价

序号	评价要求	配分 / 分	学生自评（占比 30%）	学生互评（占比 30%）	教师评价（占比 40%）
1	对实训任务的分析准确到位，制订实训计划的思路清晰、合理	10			
2	能熟练设置前景色和背景色	15			
3	能根据需要选择“画笔工具”的画笔样式	15			
4	能按指定格式正确保存文件	10			
5	最终效果图的版式及构图合理	10			
6	成果展示时语言流利、解说准确、理解深刻、逻辑清晰，能较好地与老师、同学进行沟通、交流和分享	20			
7	严格遵守实训课堂管理相关规定，落实 6S 管理规定	20			
综合得分					

六、实训拓展

1. 根据所给鲜花图片素材（见图 2–1–4），应用 Photoshop 2023 软件进行技术处理，制作浪漫花束，最终效果如图 2–1–5 所示。

图 2-1-4 鲜花图片素材

图 2-1-5 浪漫花束最终效果

2. 根据所给花丛和蝴蝶图片素材（见图 2–1–6），应用 Photoshop 2023 软件进行技术处理，绘制蝶舞纷飞图像，最终效果如图 2–1–7 所示。

a）

b）

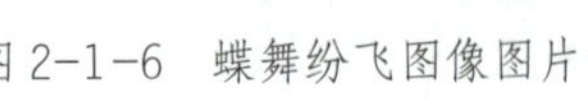

图 2-1-6 蝶舞纷飞图像图片素材

a）花丛 b）蝴蝶

图 2-1-7 蝶舞纷飞图像最终效果

七、知识巩固与提高

1.“定义画笔预设”命令在“(　　)”菜单中。

A. 编辑　　B. 窗口

C. 视图　　D. 图像

2. 下列选项中，不能用于设置绘图颜色的是（　　）。

A. 拾色器　　B.“吸管工具”

C.“画笔工具”　　D.“色板”面板

3. 可以调节画笔硬度的组合快捷键是（　　）。

A. Shift+-　Shift++　　B. Shift+{　Shift+}

C. Shift+[　Shift+]　　D. Shift+<　Shift+>

4. 选择“画笔工具”时，画笔默认的颜色是（　　）色。

A. 黑　　B. 前景

C. 白　　D. 背景

5.“画笔工具”选项栏中的“流量”属性的作用是（　　）。

A. 设置应用颜色的速率　　B. 决定画笔的方向

C. 控制画笔的不透明度　　D. 改变画笔的形状

实训任务 2　绘制海底世界插画

一、实训情境

在某广告公司，设计师从设计总监处接受一项设计任务，为某儿童绘本绘制海底世界插画。要求设计师在 15 min 内，应用 Photoshop 2023 软件进行图像绘制，得到图 2-2-1 所示的最终效果。

图 2-2-1　海底世界插画最终效果

二、实训分析

要完成本实训任务，应按照图 2-2-2 所示的思维导图复习教材中学到的知识点和技能点。

本实训任务是根据绘制主题要求，使用“渐变工具”“钢笔工具”“自定形状工具”等绘制海底世界插画，最后在小组或班级里进行作品展示、分享和评价。在完成实训任务的过程中，应注意“渐变工具”和“钢笔工具”的操作方法。

三、实训计划制订

根据任务分析，制订完成本实训任务的实训计划，填入表 2-2-1 中。

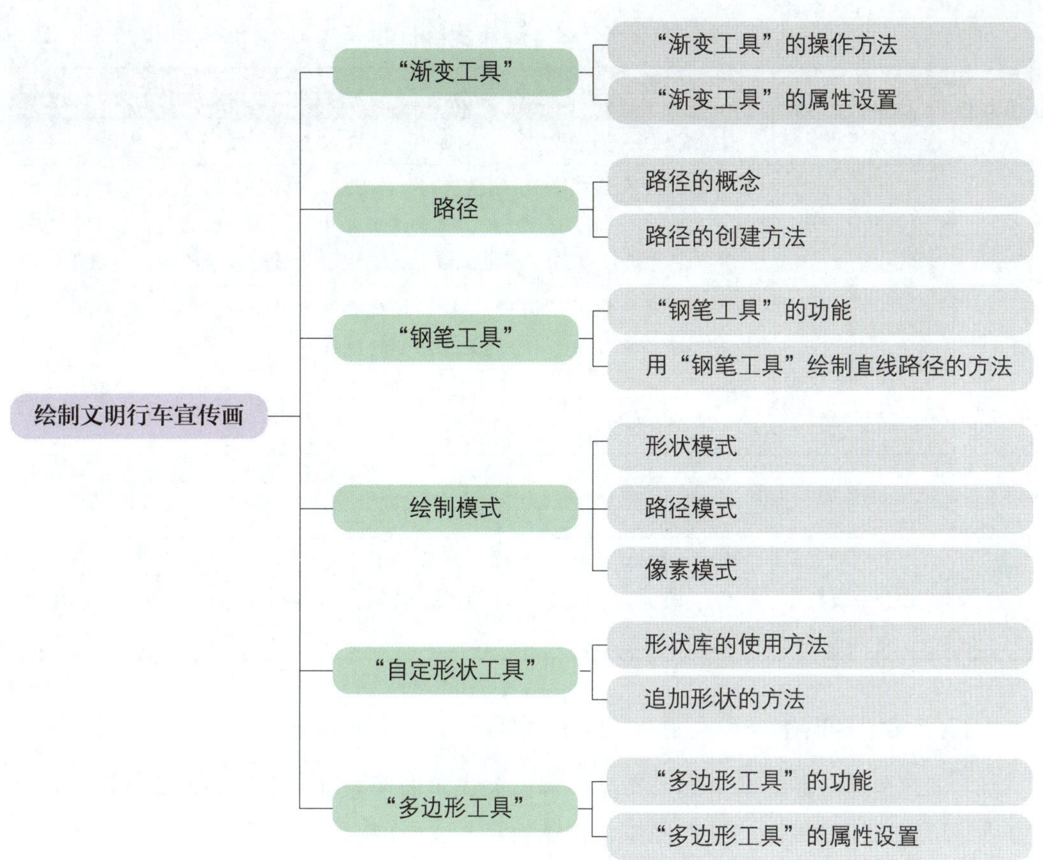

图 2-2-2　教材内容的思维导图

表 2-2-1　实训计划

序号	工作内容	所需时间

四、操作步骤提示

本实训任务的操作步骤提示见表 2-2-2。

表 2-2-2　操作步骤提示

序号	操作步骤	内容
1	新建文档	设置宽度为 800 像素、高度为 600 像素、分辨率为 72 像素 / 英寸
2	绘制渐变背景	设置前景色为浅蓝色（R：104，G：224，B：207）、背景色为天蓝色（R：32，G：156，B：255），单击工具箱中的“渐变工具”，在工具选项栏中单击“线性渐变”按钮，由上至下拖动鼠标为背景绘制渐变效果
3	绘制海底气泡	单击工具箱中的“椭圆工具”，绘制白色圆形海底气泡，设置黑色描边。使用“钢笔工具”在气泡上绘制轮廓线
4	绘制绿色海草	单击工具箱中的“自定形状工具”，在“自定形状”拾色器中的“自然”文件夹中找到“草 3”形状，绘制绿色海草
5	绘制鱼群	单击工具箱中的“自定形状工具”，在“自定形状”拾色器中的“动物”文件夹中找到“鱼形”形状，绘制鱼群
6	保存和导出文件	先以 PSD 格式保存文件，然后单击“文件”→“导出”→“导出为”命令，弹出“导出为”对话框，设置文件格式为 JPG，导出 JPG 图像文件

五、实训评价

实训任务完成后，学生展示作品，解说完成实训任务过程中的心得体会。展示结束后，可以从工具使用、软件操作、作品效果、成果展示等方面，采用学生自评、学生互评、教师评价相结合的多元评价方式，对该实训任务进行评价，见表 2–2–3。

表 2-2-3　实训评价

序号	评价要求	配分 / 分	学生自评（占比 30%）	学生互评（占比 30%）	教师评价（占比 40%）
1	对实训任务的分析准确到位，制订实训计划的思路清晰、合理	10			
2	能熟练使用“渐变工具”绘制渐变效果	15			
3	能熟练使用“钢笔工具”和形状工具绘制形状	15			
4	能按指定格式正确保存文件	10			
5	最终效果图的版式及构图合理	10			
6	成果展示时语言流利、解说准确、理解深刻、逻辑清晰，能较好地与老师、同学进行沟通、交流和分享	20			

续表

序号	评价要求	配分 / 分	学生自评（占比 30%）	学生互评（占比 30%）	教师评价（占比 40%）
7	严格遵守实训课堂管理相关规定，落实 6S 管理规定	20			
综合得分					

六、实训拓展

1. 应用 Photoshop 2023 软件中的“渐变工具”“画笔工具”和“自定形状工具”绘制自由飞翔图像效果，文档的宽度、高度分别为 800 像素、600 像素，分辨率为 72 像素 / 英寸，最终效果如图 2-2-3 所示。

2. 应用 Photoshop 2023 软件中的“画笔工具”“自定形状工具”等工具绘制心动的旋律图像效果，文档的宽度、高度分别为 800 像素、600 像素，分辨率为 72 像素 / 英寸，最终效果如图 2-2-4 所示。

图 2-2-3　自由飞翔图像最终效果

图 2-2-4　心动的旋律图像最终效果

七、知识巩固与提高

1. 形状工具不包括“(　　)”。

A. 椭圆工具　　B. 矩形选框工具

C. 多边形工具　　D. 三角形工具

2. 下列工具中，不属于钢笔工具组的是“(　　)”。

A. 自由钢笔工具　　B. 添加锚点工具

C. 直接选择工具　　D. 转换点工具

3. 使用“椭圆工具”时，配合（　　）键可以绘制出正圆形。

A. Shift　　B. Ctrl　　C. Alt　　D. Tab

4.（　　）渐变不属于渐变类型。

A. 线性　　B. 径向　　C. 角度　　D. 斜向

5. 单击“视图”→“标尺”命令或利用（　　）组合快捷键可以调出标尺。

A. Shift+R　　B. Alt+R　　C. Ctrl+R　　D. Tab+Shift

实训任务 3　绘制夜半月色效果图

一、实训情境

在某广告公司，设计师从设计总监处接受一项设计任务，为某绘本绘制夜半月色效果图。要求设计师在 15 min 内，应用 Photoshop 2023 软件进行图像绘制，得到图 2-3-1 所示的最终效果。

图 2-3-1　夜半月色效果图最终效果

二、实训分析

要完成本实训任务，应按照图 2-3-2 所示的思维导图复习教材中学到的知识点和技能点。

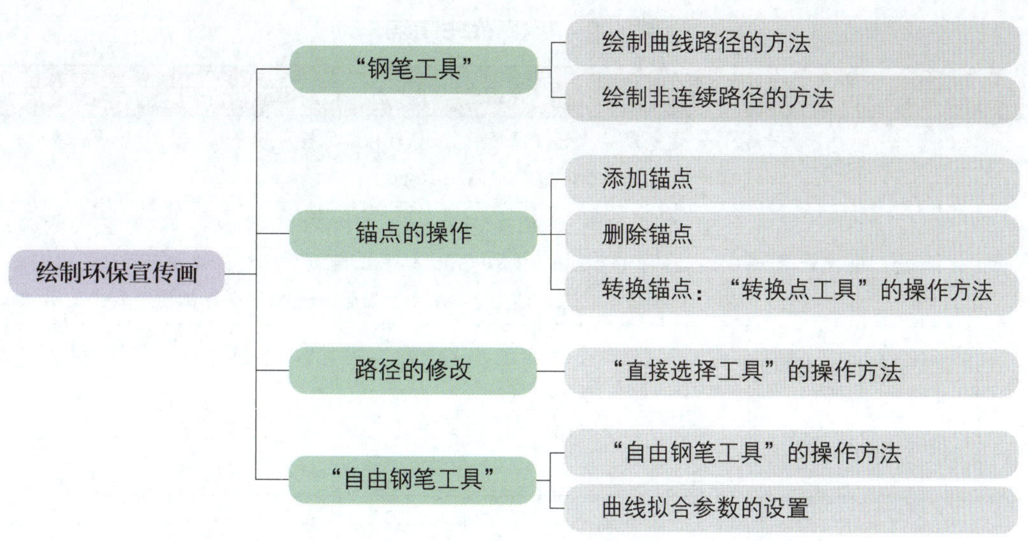

图 2-3-2　教材内容的思维导图

本实训任务是根据绘制主题要求，使用“钢笔工具”“直接选择工具”和“转换点工具”等绘制夜半月色效果图，最后在小组或班级里进行作品展示、分享和评价。在完成实训任务的过程中，应注意“转换点工具”和“直接选择工具”的使用技巧。

三、实训计划制订

根据任务分析，制订完成本实训任务的实训计划，填入表 2-3-1 中。

表 2-3-1　实训计划

序号	工作内容	所需时间

四、操作步骤提示

本实训任务的操作步骤提示见表 2-3-2。

表 2-3-2　操作步骤提示

序号	操作步骤	内容
1	新建文档	设置宽度为 1 200 像素、高度为 800 像素、分辨率为 72 像素 / 英寸、颜色模式为 RGB 颜色、16 bit（位）
2	绘制渐变背景	设置前景色为深蓝色（R：29，G：7，B：94）、背景色为白色（R：255，G：255，B：255），单击工具箱中的“渐变工具”，在工具选项栏中单击“线性渐变”按钮，由上至下拖动鼠标为背景绘制渐变效果
3	绘制山峰	使用“钢笔工具”“转换点工具”和“直接选择工具”等绘制黑色的山峰
4	绘制月亮	使用“钢笔工具”“转换点工具”和“直接选择工具”等绘制黄色的月亮
5	绘制树林	单击工具箱中的“自定形状工具”，在工具选项栏中单击“形状”右边的下拉按钮，打开“自定形状”拾色器，在“自然”文件夹中找到“树”形状，绘制树林
6	绘制繁星	使用“画笔工具”绘制满天繁星
7	保存和导出文件	先以 PSD 格式保存文件，然后单击“文件”→“导出”→“导出为”命令，弹出“导出为”对话框，设置文件格式为 JPG，导出 JPG 图像文件

五、实训评价

实训任务完成后，学生展示作品，解说完成实训任务过程中的心得体会。展示结束后，可以从工具使用、软件操作、作品效果、成果展示等方面，采用学生自评、学生互评、教师评价相结合的多元评价方式，对该实训任务进行评价，见表 2-3-3。

表 2-3-3　实训评价

序号	评价要求	配分 / 分	学生自评（占比 30%）	学生互评（占比 30%）	教师评价（占比 40%）
1	对实训任务的分析准确到位，制订实训计划的思路清晰、合理	10			
2	能熟练使用“渐变工具”绘制渐变效果	15			
3	能熟练使用“钢笔工具”“转换点工具”和“直接选择工具”	15			
4	能按指定格式正确保存文件	10			
5	最终效果图的版式及构图合理	10			

续表

序号	评价要求	配分 / 分	学生自评（占比 30%）	学生互评（占比 30%）	教师评价（占比 40%）
6	成果展示时语言流利、解说准确、理解深刻、逻辑清晰，能较好地与老师、同学进行沟通、交流和分享	20			
7	严格遵守实训课堂管理相关规定，落实 6S 管理规定	20			
综合得分					

六、实训拓展

1. 应用 Photoshop 2023 软件中的“渐变工具”和“钢笔工具”等进行技术处理，绘制幸福树图像，最终效果如图 2-3-3 所示。

2. 应用 Photoshop 2023 软件进行技术处理，绘制青蛙过河图像，最终效果如图 2-3-4 所示。

图 2-3-3　幸福树图像最终效果

图 2-3-4　青蛙过河图像最终效果

七、知识巩固与提高

1. 下列关于“转换点工具”的描述中，错误的是（　　）。

A. 可以移动锚点的位置

B. 可以将没有方向线的角点转换为平滑点

C. 可以将平滑点转换为没有方向线的角点

D. 可以改变曲线锚点上方向线的方向

2. 在使用“钢笔工具”时，按住（　　）键可以将“钢笔工具”转换为“直接选择工具”。

A. Alt　　B. Shift

C. Ctrl　　D. Tab

3. 通过（　　）可以将鼠标光标切换为“抓手工具”。

A. 按住 F 键　　B. 按住空格键

C. 双击“路径选择工具”　　D. 双击“缩放工具”

4. 在使用“钢笔工具”时，按住（　　）组合快捷键可以将“钢笔工具”转换为“路径选择工具”，从而移动路径。

A. Ctrl+Shift　　B. Shift+Alt

C. Alt+Ctrl　　D. Ctrl+Tab

5. 在使用“钢笔工具”时，按住（　　）键可以将“钢笔工具”转换为“转换点工具”。

A. Ctrl+Shift 组合快捷　　B. Ctrl+Tab 组合快捷

C. Shift　　D. Alt

实训任务 4　绘制教师节贺卡

一、实训情境

在某广告公司，设计师从设计总监处接受一项设计任务，为教师节绘制节日贺卡，表达对教师的感恩和祝福。要求设计师在 15 min 内，根据所提供的图片素材（见

图 2-4-1），应用 Photoshop 2023 软件进行图像处理，得到图 2-4-2 所示的最终效果。

a）　　b）　　c）

图 2-4-1　教师节贺卡图片素材
a）书本　b）眼镜　c）人物剪影

图 2-4-2　教师节贺卡最终效果

二、实训分析

要完成本实训任务，应按照图 2-4-3 所示的思维导图复习教材中学到的知识点和技能点。

本实训任务是根据所提供的图片素材，使用“横排文字工具”和“渐变工具”等绘制教师节贺卡，最后在小组或班级里进行作品展示、分享和评价。在完成实训任务的过程中，应注意路径的编辑方法与技巧。

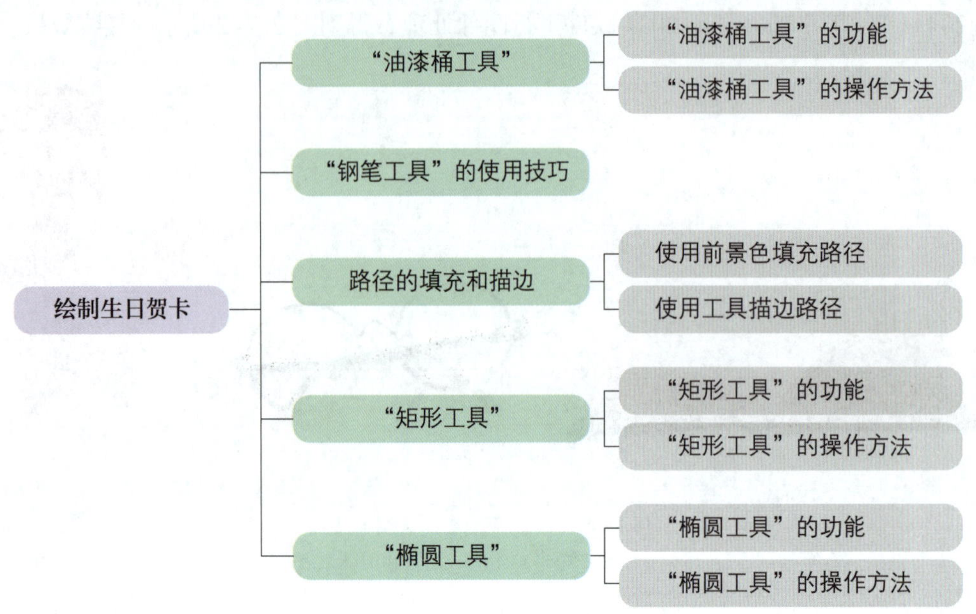

图 2-4-3　教材内容的思维导图

三、实训计划制订

根据任务分析，制订完成本实训任务的实训计划，填入表 2-4-1 中。

表 2-4-1　实训计划

序号	工作内容	所需时间

四、操作步骤提示

本实训任务的操作步骤提示见表 2-4-2。

表 2-4-2　操作步骤提示

序号	操作步骤	内容
1	新建文档	设置宽度为 800 像素、高度为 600 像素、分辨率为 72 像素 / 英寸
2	绘制渐变背景	设置前景色为浅红色（R：253，G：210，B：203）、背景色为粉红色（R：251，G：151，B：151），单击工具箱中的“渐变工具”，在工具选项栏中单击“径向渐变”按钮，由中心沿对角线方向为背景绘制渐变效果
3	插入图片素材	打开书本、眼镜、人物剪影图片素材文件，用“移动工具”将其拖到新建的图像窗口中
4	调整大小和位置	使用“自由变换”命令调整素材的大小和位置
5	制作文字效果	使用“横排文字工具”输入文字“教师节快乐”并设置字体等属性，右键单击文字图层，在弹出的快捷菜单中单击“创建工作路径”命令，隐藏文字图层，得到文字路径效果。使用“直接选择工具”和“添加锚点工具”等制作特殊的文字效果，并添加白色的描边
6	绘制心形	使用“自定形状工具”绘制心形，并使用“横排文字工具”输入日期“9.10”，设置心形和日期的样式
7	保存和导出文件	先以 PSD 格式保存文件，然后单击“文件”→“导出”→“导出为”命令，弹出“导出为”对话框，设置文件格式为 JPG，导出 JPG 图像文件

五、实训评价

实训任务完成后，学生展示作品，解说完成实训任务过程中的心得体会。展示结束后，可以从工具使用、软件操作、作品效果、成果展示等方面，采用学生自评、学生互评、教师评价相结合的多元评价方式，对该实训任务进行评价，见表 2-4-3。

表 2-4-3　实训评价

序号	评价要求	配分 / 分	学生自评（占比 30%）	学生互评（占比 30%）	教师评价（占比 40%）
1	对实训任务的分析准确到位，制订实训计划的思路清晰、合理	10			
2	能熟练使用“渐变工具”绘制渐变效果	15			
3	能熟练使用文字工具和路径编辑方法完成文字的创意设计	15			
4	能按指定格式正确保存文件	10			
5	最终效果图的版式及构图合理	10			

续表

序号	评价要求	配分 / 分	学生自评（占比 30%）	学生互评（占比 30%）	教师评价（占比 40%）
6	成果展示时语言流利、解说准确、理解深刻、逻辑清晰，能较好地与老师、同学进行沟通、交流和分享	20			
7	严格遵守实训课堂管理相关规定，落实 6S 管理规定	20			
综合得分					

六、实训拓展

1. 应用 Photoshop 2023 软件绘制生日贺卡，最终效果如图 2-4-4 所示。

图 2-4-4　生日贺卡最终效果

2. 应用 Photoshop 2023 软件绘制“年末大促”按钮，最终效果如图 2-4-5 所示。

图 2-4-5　“年末大促”按钮最终效果

七、知识巩固与提高

1. 下列关于路径和选区的描述中，正确的是（　　）。

A. 路径和选区不可以相互转换

B. 路径转换成选区时可以设置羽化参数

C. 路径和选区都可以使用“羽化”命令

D. 路径转换为选区后，选区的大小不能再调整

2. 在选中包括背景图层在内的所有图层后，不可以执行的操作是（　　）。

A. 链接图层　　B. 移动图层

C. 创建选区　　D. 对齐图层

3. 使用“钢笔工具”绘制路径时，按住（　　）键并拖动方向线可以中断锚点的方向线。

A. Alt　　B. Ctrl

C. Shift　　D. Tab

4. 使用“钢笔工具”绘制路径时，按住（　　）键可以绘制水平、垂直或倾斜45° 方向的路径。

A. Alt　　B. Ctrl

C. Shift　　D. Tab

5. 下列关于“钢笔工具”的描述中，不正确的是（　　）。

A.“钢笔工具”可以绘制不规则的形状

B. 按 Esc 键可以删除当前绘制的路径段

C.“钢笔工具”绘制的路径可以被存储

D. 在“钢笔工具”选项栏中只能设置“形状”模式

项目三
风光图像的处理

实训任务 1　制作落日熔金图像效果

一、实训情境

在某广告公司，设计师从设计总监处接受一项设计任务，为鱼米之乡设计落日熔金图像效果。要求设计师在 30 min 内，根据设计要求和所提供的鱼米之乡图片素材（见图 3–1–1），应用 Photoshop 2023 软件进行图像处理，最终效果如图 3–1–2 所示。

图 3–1–1　鱼米之乡图片素材

图 3–1–2　落日熔金图像最终效果

二、实训分析

要完成本实训任务，应按照图 3–1–3 所示的思维导图复习教材中学到的知识点和技能点。

本实训任务是根据设计要求，综合运用“渐变工具”“椭圆工具”“横排文字工具”等，利用图层蒙版将渐变色与风景图像融合在一起，制作出夕阳发出金黄颜色的图像效果，最后在小组或班级里进行作品展示、分享和评价。在完成实训任务的过程中，应注意图层样式的使用方法和调色操作技巧。

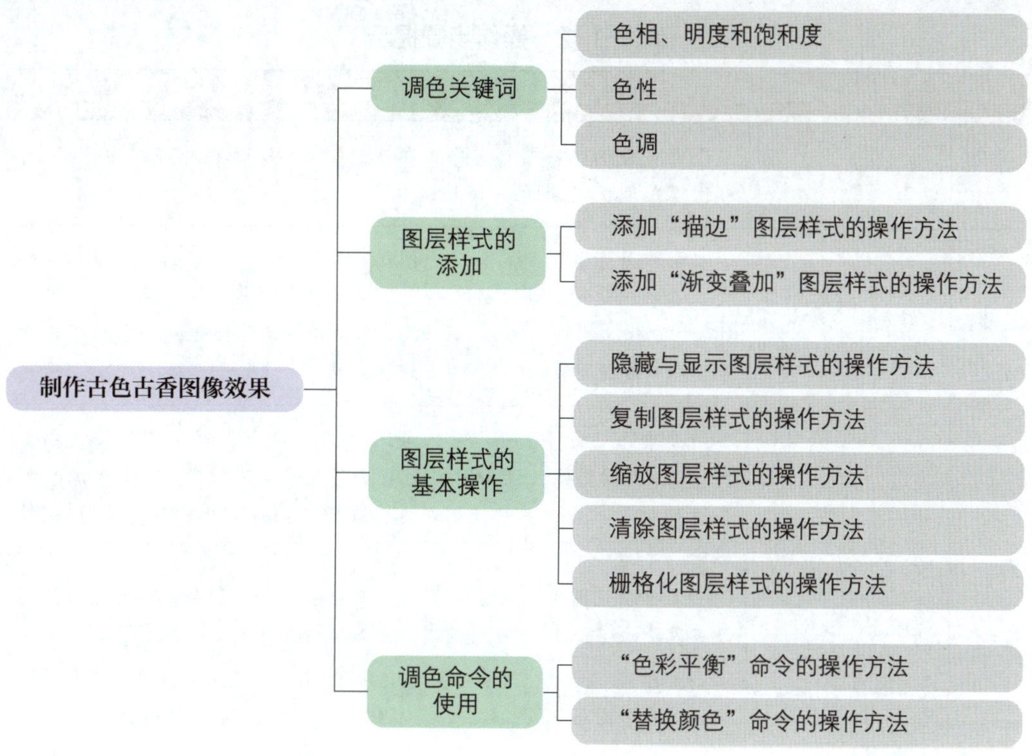

图 3-1-3　教材内容的思维导图

三、实训计划制订

根据任务分析，制订完成本实训任务的实训计划，填入表 3-1-1 中。

表 3-1-1　实训计划

序号	工作内容	所需时间

四、操作步骤提示

本实训任务的操作步骤提示见表 3–1–2。

表 3–1–2　操作步骤提示

序号	操作步骤	内容
1	新建文档	设置宽度为 140 厘米，高度为 105 厘米，分辨率为 72 像素 / 英寸，颜色模式为 RGB 颜色、16 bit（位）
2	绘制渐变背景	双击背景图层，将其转换为图层 0，单击工具箱中的“渐变工具”，在工具选项栏中单击“线性渐变”按钮，在“渐变编辑器”对话框中选择“Oranges”→“Orange_05”，单击“确定”按钮，由上至下为背景绘制渐变效果
3	调整图像颜色	（1）单击“文件”→“置入嵌入对象”命令，插入“鱼米之乡素材.jpg”素材图像，调整图像大小，利用“移动工具”将图像调整到合适的位置。右键单击此图层，在弹出的快捷菜单中单击“栅格化”命令 （2）单击“图像”→“调整”→“色彩平衡”命令，选择“高光”，设置色阶为（+40，−30，−29），使图像颜色与背景融合得更为自然 （3）按住 Ctrl 键，选中“鱼米之乡素材”图层，单击“图层”面板中的“添加图层蒙版”按钮，素材图像即可被遮罩进矩形选框内 （4）设置前景色为黑色，单击工具箱中的“画笔工具”并调整其参数，选中“鱼米之乡素材”图层的蒙版图层，用选好的画笔将图像上半部分的天空遮盖起来，画出天空的渐变色。可以切换画笔颜色进行多次操作，反复修改到满意为止 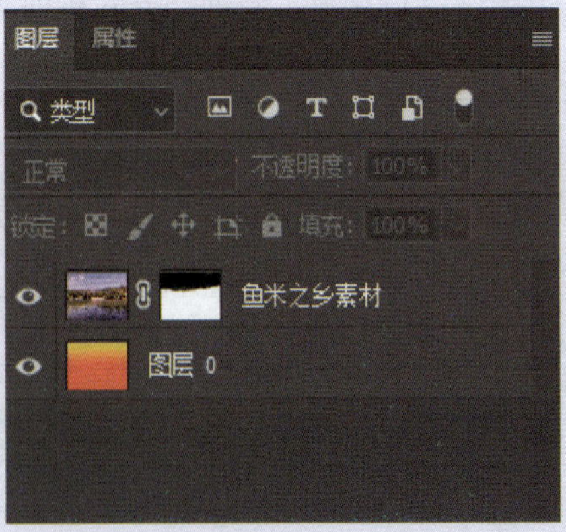 图层　属性 类型　正常　不透明度：100%　锁定：　填充：100% 鱼米之乡素材 图层 0 （5）选中“鱼米之乡素材”图层，单击“图像”→“调整”→“替换颜色”命令，在弹出的“替换颜色”对话框中设置颜色容差为 180、色相为 +36、饱和度为 −4，选中水面区域，替换水面的颜色

续表

序号	操作步骤	内容
4	绘制落日	单击工具箱中的“椭圆工具”，在工具选项栏中单击“设置形状填充类型”→“渐变”按钮，选择“Oranges”→“Orange_05”，选择“线性”，绘制一个宽度为315像素、高度为315像素的圆形，设置图层的混合模式为“变暗”、填充为50%
5	利用文字图层制作文字效果	（1）单击工具箱中的“横排文字工具”，输入文字“鱼米之乡”，设置字体为“钟齐志莽行书”、字体大小为360点、文本颜色为深红色（R：148，G：20，B：20），调整文字到合适的位置 （2）单击工具箱中的“横排文字工具”，输入文字“辽阔水域举世闻名 一起来探索鱼米之乡的魅力”，设置字体为“钟齐志莽行书”、字体大小为120点、文本颜色为黑色（R：40，G：5，B：5），调整文字到合适的位置
6	导出和保存文件	先单击“文件”→“导出”→“导出为”命令，在弹出的对话框中选择以PNG或JPG格式导出，然后将图像文件存储为PSD格式

五、实训评价

实训任务完成后，学生展示作品，解说完成实训任务过程中的心得体会。展示结束后，可以从工具使用、软件操作、作品效果、成果展示等方面，采用学生自评、学生互评、教师评价相结合的多元评价方式，对该实训任务进行评价，见表3-1-3。

表3-1-3　实训评价

序号	评价要求	配分/分	学生自评（占比30%）	学生互评（占比30%）	教师评价（占比40%）
1	对实训任务的分析准确到位，制订实训计划的思路清晰、合理	10			
2	软件运用熟练，操作得当，小组成员分工明确，配合默契	20			
3	能熟练进行调色操作	15			
4	能灵活使用图层蒙版将渐变色与风景图像融合在一起	15			
5	最终效果图的版式及构图合理，文字的风格、大小与画面搭配和谐	10			
6	成果展示时语言流利、解说准确、理解深刻、逻辑清晰，能较好地与老师、同学进行沟通、交流和分享	20			

续表

序号	评价要求	配分 / 分	学生自评（占比 30%）	学生互评（占比 30%）	教师评价（占比 40%）
7	严格遵守实训课堂管理相关规定，落实 6S 管理规定	10			
综合得分					

六、实训拓展

1. 根据所给风景图片素材（见图 3–1–4），利用“图像”→“调整”菜单中的调色命令，提高图像的亮度和饱和度，为图像调整色调，最终效果如图 3–1–5 所示。

图 3–1–4　风景图片素材

图 3–1–5　风景调色最终效果

2. 根据所给图片素材（见图 3–1–6），用“投影”“斜面和浮雕”等图层样式制作水滴效果，最终效果如图 3–1–7 所示。

图 3-1-6　图片素材

图 3-1-7　水滴最终效果

七、知识巩固与提高

1. 下列关于图层样式的描述中，错误的是（　　）。

A. 图层样式可以单独使用，也可以多种同时使用

B. 使用图层样式可以增强作品的视觉效果

C. 使用“渐变叠加”图层样式可以制作凸起和带有反光质感的效果，不能制作凹陷效果

D. 使用“描边”图层样式可以用颜色、渐变及图案描绘图像的轮廓

2. 在给文字添加阴影前，应该先（　　）。

A. 用魔棒选中文字　　B. 复制一个新的图层

C. 选中该文字图层　　D. 合并所有图层

3. 下列关于图层的描述中，错误的是（　　）。

A. 图层的顺序可以调整　　B. 图层可以单独显示或隐藏

C. 图层可以合并　　D. 图层被锁定后可以设置投影效果

4. 下列关于图层操作的表述中，错误的是（　　）。

A. 图层可以单独显示或隐藏

B. 可以创建多个图层

C. 可以更改图层名称

D. 不可以改变图层顺序

5. 要将图像变为“黑白”效果，下列操作方案中不可行的是（　　）。

A. 单击“图像”→“调整”→“黑白”命令

B. 单击“图像”→“调整”→“色彩平衡”命令

C. 单击“图像”→“调整”→“去色”命令

D. 单击“图像”→“模式”→“灰度”命令

实训任务 2　制作湖面日出图像效果

一、实训情境

在某广告公司，设计师从设计总监处接受一项设计任务，为某旅游公司制作湖面日出图像效果。要求设计师在 30 min 内，利用所提供的湖面图片素材（见图 3-2-1），应用 Photoshop 2023 软件进行图像处理，最终效果如图 3-2-2 所示。

图 3-2-1　湖面图片素材

图 3-2-2　湖面日出图像最终效果

二、实训分析

要完成本实训任务，应按照图 3-2-3 所示的思维导图复习教材中学到的知识点和技能点。

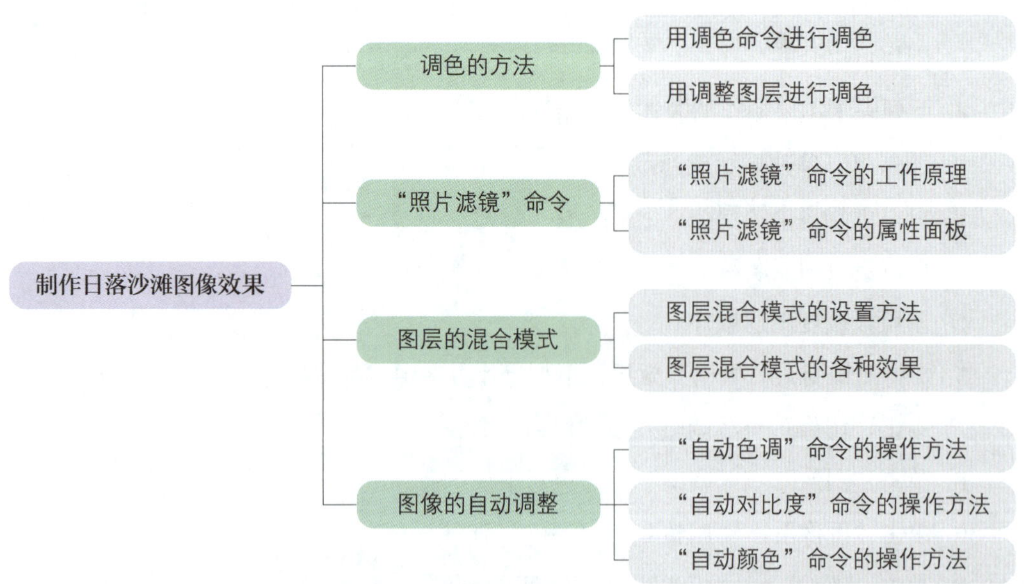

图 3-2-3　教材内容的思维导图

本实训任务是根据制作要求，通过新建填充图层、设置图层的混合模式及应用图像等功能的运用，将图层操作、调色操作及蒙版操作三者结合在一起，最后在小组或班级里进行作品展示、分享和评价。在完成实训任务的过程中，应注意照片滤镜和图层混合模式的使用技巧。

三、实训计划制订

根据任务分析，制订完成本实训任务的实训计划，填入表 3-2-1 中。

表 3-2-1　实训计划

序号	工作内容	所需时间

四、操作步骤提示

本实训任务的操作步骤提示见表 3-2-2。

表 3-2-2　操作步骤提示

序号	操作步骤	内容
1	打开素材文件	打开图片素材文件
2	裁掉杂物	利用“裁剪工具”将图片右侧和右下角的杂物裁剪掉，将其裁剪至合适大小
3	调整色调	单击“图像”→“调整”→“照片滤镜”命令，在“照片滤镜”对话框中选择滤镜为“Cooling Filter（80）”，并将密度设置为 30%，此时整个图像画面都变成深蓝色调
4	绘制太阳	（1）单击“图层”→“新建填充图层”→“渐变”命令，新建名为“日出”的图层，勾选“使用前一图层创建剪贴蒙版”复选框，单击“确定”按钮，弹出“渐变填充”对话框 （2）在弹出的“渐变填充”对话框中设置渐变参数，选择样式为“径向” （3）单击渐变条，弹出“渐变编辑器”对话框，设置渐变条左下方的色标为白色、位置为 0%，左上方的不透明度色标的不透明度为 100%、不透明度终止位置为 14%；设置渐变条右下方的色标为红色（R：245，G：68，B：13）、位置为 45%，右上方的不透明度色标的不透明度为 0%、不透明度终止位置为 62%，单击“确定”按钮，完成渐变参数设置

续表

序号	操作步骤	内容
5	调整太阳的位置	使用“移动工具”移动太阳到合适的位置
6	使用“应用图像”命令	选中“图层”面板中的“日出”图层的图层蒙版，单击“图像”→“应用图像”命令，弹出“应用图像”对话框，设置混合模式为“正片叠底”，勾选“蒙版”复选框，其他设置保持默认，单击“确定”按钮，关闭对话框
7	导出和保存文件	先单击“文件”→“导出”→“导出为”命令，在弹出的对话框中选择以 PNG 或 JPG 格式导出，然后将图像文件存储为 PSD 格式

五、实训评价

实训任务完成后，学生展示作品，解说完成实训任务过程中的心得体会。展示结束后，可以从工具使用、软件操作、作品效果、成果展示等方面，采用学生自评、学生互评、教师评价相结合的多元评价方式，对该实训任务进行评价，见表 3-2-3。

表 3-2-3　实训评价

序号	评价要求	配分 / 分	学生自评（占比 30%）	学生互评（占比 30%）	教师评价（占比 40%）
1	对实训任务的分析准确到位，制订实训计划的思路清晰、合理	10			
2	软件运用熟练，操作得当，小组成员分工明确，配合默契	20			
3	能熟练使用照片滤镜为图像“蒙”上某种颜色，使图像产生明显的颜色倾向，从而达到调整图像色调的效果	15			
4	能灵活使用图层的混合模式	15			
5	最终效果图的版式及构图合理，画面美观	10			
6	成果展示时语言流利、解说准确、理解深刻、逻辑清晰，能较好地与老师、同学进行沟通、交流和分享	20			
7	严格遵守实训课堂管理相关规定，落实 6S 管理规定	10			
	综合得分				

六、实训拓展

1. 根据所给花朵图片素材（见图 3–2–4），利用“图像”→“调整”命令或“图层”面板中的“创建新的填充或调整图层”按钮制作七色花效果，最终效果如图 3–2–5 所示。

图 3–2–4 花朵图片素材

图 3–2–5 七色花最终效果

2. 根据所给竹林图片素材（见图 3–2–6），制作冬日竹林效果图。首先为素材添加“Cooling Filter（80）”滤镜，并将密度设置为 55%，使整个图像画面变成深蓝色调，再单击“图层”→“新建”→“图层”命令，为图片添加纯色，颜色为浅蓝色（R：181，G：187，B：207），最后通过“图像”→“调整”命令调整其亮度并通过“滤镜”→“模糊画廊”→“光圈模糊”命令为其添加模糊效果，最终效果如图 3–2–7 所示。

图 3–2–6 竹林图片素材

图 3–2–7 冬日竹林效果图最终效果

七、知识巩固与提高

1. 下列关于图层混合模式的描述中，正确的是（　　）。

A. 必须几个图层链接后才可以使用图层混合模式

B. 图层混合模式就是图层合并

C. 在图层混合模式下，有两个图层就可以混合

D. 混合模式是不能被存储的

2. 下列命令中，不能自动调整图像色彩色调的是“（　　）”命令。

A. 色彩平衡　　B. 自动色调

C. 自动对比度　　D. 自动颜色

3. 下列选项中，不属于图层混合模式的是“（　　）”。

A. 变暗　　B. 颜色　　C. 高斯模糊　　D. 滤色

4. 默认的图层混合模式是“（　　）”。

A. 标准　　B. 正常

C. 溶解　　D. 正片叠底

5. 下列关于“调整”操作的描述中，错误的是（　　）。

A.“调整”命令可以改变图像的色相 / 饱和度、亮度 / 对比度等

B.“调整”命令会直接将调色效果作用于图层

C. 使用“调整”命令进行图层调色时，若对调色效果不满意，可以很方便地修改调整图层的相关参数

D. 不能随便将调整图层删除，否则会破坏原始素材图像的色彩信息

实训任务 3　制作海边风光图像效果

一、实训情境

在某广告公司，设计师从设计总监处接受一项海报设计任务，为某旅游公司设计海边风光图像效果。要求设计师在 30 min 内，运用所提供的图片素材（见图 3–3–1），应用 Photoshop 2023 软件进行图像处理，最终效果如图 3–3–2 所示。

a）

b）

图 3-3-1　图片素材
a）天空　b）海边风景

图 3-3-2　海边风光图像最终效果

二、实训分析

要完成本实训任务，应按照图 3-3-3 所示的思维导图复习教材中学到的知识点和技能点。

本实训任务是根据设计要求，综合运用图层蒙版、剪贴蒙版制作海边风光图像效果，并添加文字，最后在小组或班级里进行作品展示、分享和评价。在完成实训任务的过程中，应注意图层蒙版和剪贴蒙版的使用技巧。

三、实训计划制订

根据任务分析，制订完成本实训任务的实训计划，填入表 3-3-1 中。

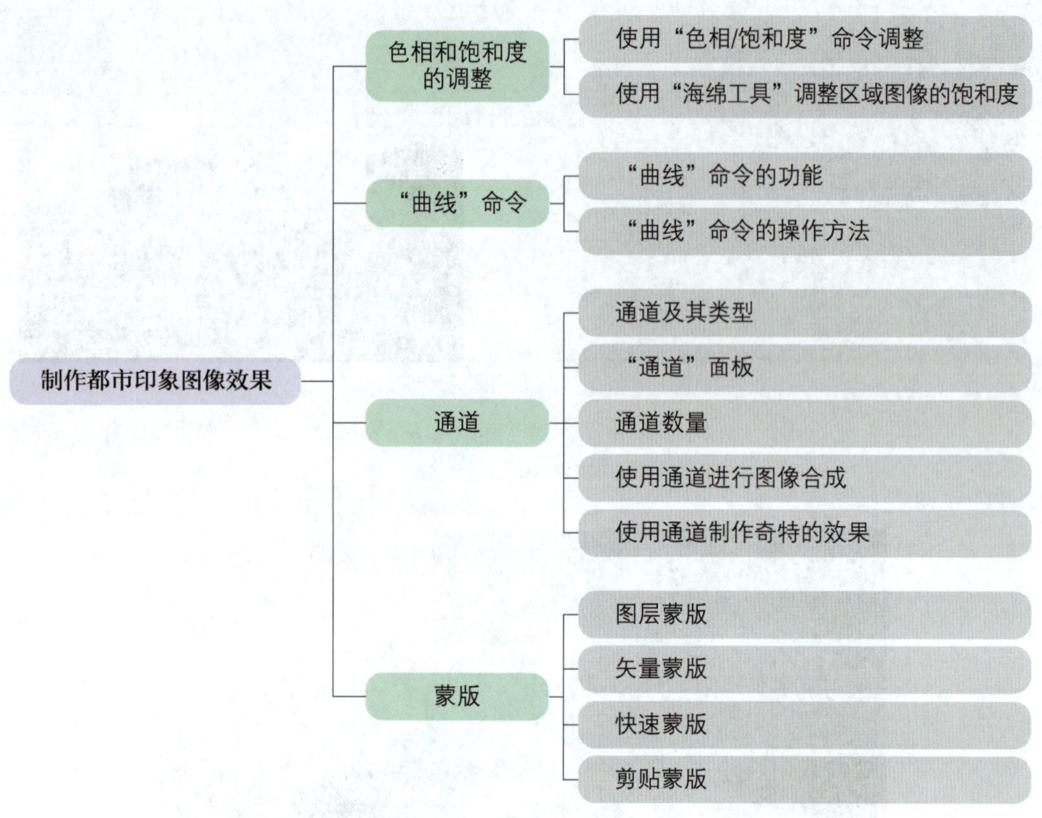

图 3-3-3　教材内容的思维导图

表 3-3-1　实训计划

序号	工作内容	所需时间

四、操作步骤提示

本实训任务的操作步骤提示见表 3-3-2。

表 3-3-2　操作步骤提示

序号	操作步骤	内容
1	打开素材文件	打开天空和海边风景图片素材文件，将两张图片叠加在一起，天空在上层，海边风景在下层
2	新建图层蒙版	在“天空”图层上新建一个图层蒙版，此时图层蒙版显示为白色，这样“天空”图层可以全部显现出来
3	处理图层交接处	为了过渡自然，在蒙版图层中拉一个白色到黑色的渐变，可以用画笔处理图层的交接处，直到满意为止，这样就得到最后合成的效果图
4	添加文字	打开沙滩背景图片素材文件，输入“海边风光”，建立文字图层，将图片图层放上面，文字图层放下面，右键单击“沙滩背景”图层，在弹出的快捷菜单中单击“创建剪贴蒙版”命令 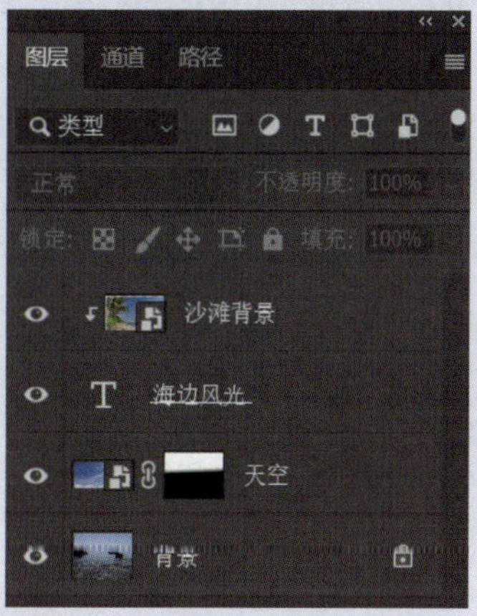
5	导出和保存文件	先单击“文件”→“导出”→“导出为”命令，在弹出的对话框中选择以 PNG 或 JPG 格式导出，然后将图像文件存储为 PSD 格式

五、实训评价

实训任务完成后，学生展示作品，解说完成实训任务过程中的心得体会。展示结束后，可以从工具使用、软件操作、作品效果、成果展示等方面，采用学生自评、学生互评、教师评价相结合的多元评价方式，对该实训任务进行评价，见表 3-3-3。

表 3-3-3　实训评价

序号	评价要求	配分 / 分	学生自评（占比 30%）	学生互评（占比 30%）	教师评价（占比 40%）
1	对实训任务的分析准确到位，制订实训计划的思路清晰、合理	10			
2	软件运用熟练，操作得当，小组成员分工明确，配合默契	20			

续表

序号	评价要求	配分/分	学生自评（占比 30%）	学生互评（占比 30%）	教师评价（占比 40%）
3	能熟练使用图层蒙版将两张图片合成在一起	15			
4	能灵活使用剪贴蒙版的功能，将文字图层和图片图层合成“海边风光”文字效果	15			
5	最终效果图的版式及构图合理，文字的风格、大小与画面搭配和谐	10			
6	成果展示时语言流利、解说准确、理解深刻、逻辑清晰，能较好地与老师、同学进行沟通、交流和分享	20			
7	严格遵守实训课堂管理相关规定，落实 6S 管理规定	10			
综合得分					

六、实训拓展

1. 根据所给田野风光和古镇图片素材（见图 3–3–4），应用 Photoshop 2023 软件进行技术处理，最终效果如图 3–3–5 所示。

a）

b）

图 3–3–4　田野风光和古镇图片素材

a）田野风光　b）古镇

2. 根据所给牡丹图片素材（见图 3–3–6），应用 Photoshop 2023 软件制作富贵牡丹效果图，先复制“花朵”图层，然后利用“应用图像”命令，设置通道为“绿色”、混合模式为“颜色加深”、蒙版通道为“蓝色”，最终效果如图 3–3–7 所示。

图 3-3-5　古镇最终效果

图 3-3-6　牡丹图片素材

图 3-3-7　富贵牡丹效果图最终效果

3. 根据所给花朵图片素材（见图 3-3-8），应用 Photoshop 2023 软件进行技术处理。先复制“花朵”图层，然后利用蓝色通道和图层蒙版给花朵主体抠图，将主体和背景进行区分，再进行亮度 / 对比度的调整，最终效果如图 3-3-9 所示。

图 3-3-8　花朵图片素材

图 3-3-9　花朵最终效果

七、知识巩固与提高

1. 通过“图层”面板复制图层时，先选中需要复制的图层，然后将其拖动到“图层”面板底部的“(　　)”按钮上即可。

A. 删除图层　　B. 创建新图层　　C. 添加图层样式　　D. 添加图层蒙版

2. 加工处理图像的过程中，如果某一步操作失误，想返回到上一步的操作状态，下列操作不能实现的是(　　)。

A. 单击“编辑”→“还原”命令　　B. 通过“历史记录”面板操作

C. 按 Ctrl+Z 组合快捷键　　D. 通过“导航器”面板操作

3. 下列关于颜色设置的说法中，正确的是(　　)。

A. 用“油漆桶工具”为一个封闭选区填充颜色时，既可以用前景色填充，也可以用背景色填充

B. 默认的前景色为白色、背景色为黑色

C. 要改变前景色，可以单击工具箱中的前景色色块

D. 不能通过拾色器设置颜色

4. 下列关于图层蒙版的说法中，错误的是(　　)。

A. 用黑色绘制的区域将隐藏

B. 用白色绘制的区域将可见

C. 用灰色绘制的区域将以不同级别的透明度显现

D. 图层蒙版一旦建立，就不能被修改

5. 下列选项中，不属于 RGB 颜色模式下的通道颜色的是(　　)色。

A. 黄　　B. 红　　C. 绿　　D. 蓝

实训任务 4　制作板画风格图像效果

一、实训情境

在某广告公司，设计师从设计总监处接受一项插画设计任务，为某旅游公司设计板画风格图像效果。要求设计师在 30 min 内，根据设计要求和所提供的风景图片素材（见图 3-4-1），应用 Photoshop 2023 软件进行图像处理，得到图 3-4-2 所示的最终效果。

图 3-4-1　风景图片素材

图 3-4-2　板画风格图像最终效果

二、实训分析

要完成本实训任务，应按照图 3-4-3 所示的思维导图复习教材中学到的知识点和技能点。

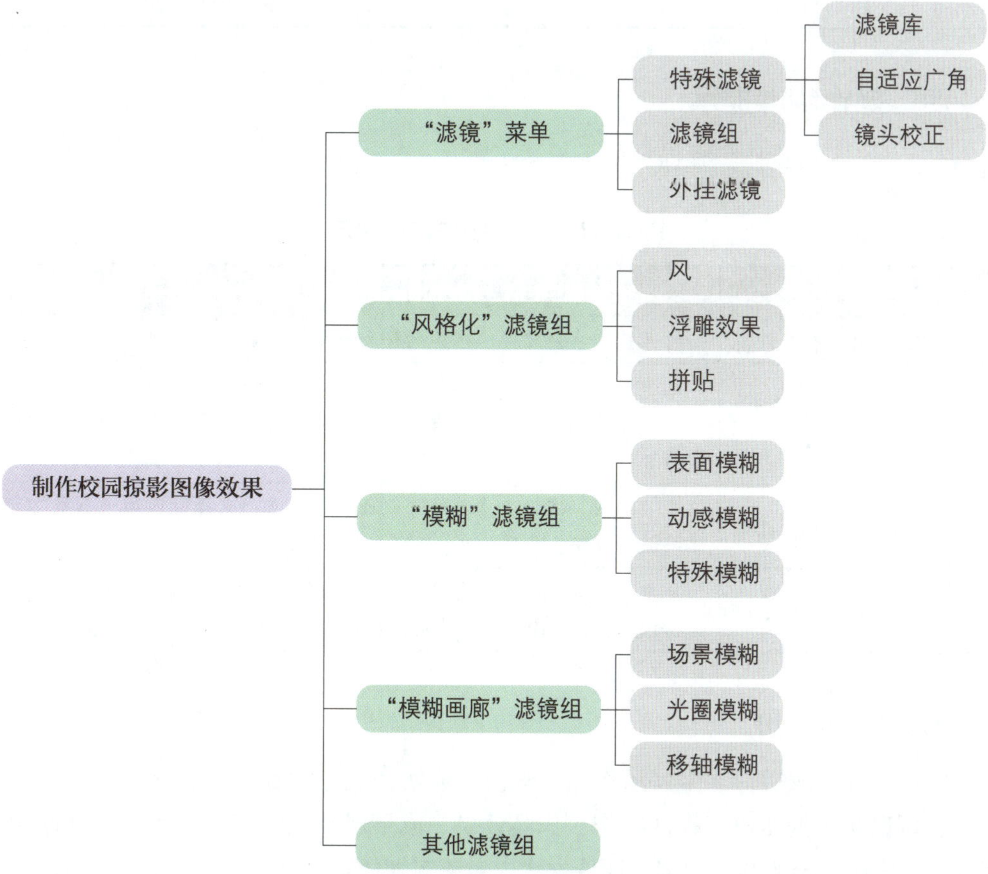

- 制作校园掠影图像效果
  - “滤镜”菜单
    - 特殊滤镜
      - 滤镜库
      - 自适应广角
      - 镜头校正
    - 滤镜组
    - 外挂滤镜
  - “风格化”滤镜组
    - 风
    - 浮雕效果
    - 拼贴
  - “模糊”滤镜组
    - 表面模糊
    - 动感模糊
    - 特殊模糊
  - “模糊画廊”滤镜组
    - 场景模糊
    - 光圈模糊
    - 移轴模糊
  - 其他滤镜组

图 3-4-3　教材内容的思维导图

本实训任务是根据设计要求，运用滤镜库设计板画风格图像效果，最后在小组或班级里进行作品展示、分享和评价。在完成实训任务的过程中，应注意滤镜库的使用方法，根据素材组合运用多种滤镜，突出不同的效果。

三、实训计划制订

根据任务分析，制订完成本实训任务的实训计划，填入表 3–4–1 中。

表 3–4–1　实训计划

序号	工作内容	所需时间

四、操作步骤提示

本实训任务的操作步骤提示见表 3–4–2。

表 3–4–2　操作步骤提示

序号	操作步骤	内容
1	打开素材文件	打开图片素材文件，将其调整至合适的大小
2	添加“艺术效果”滤镜	选中图层，单击“滤镜”→“滤镜库”命令，在“艺术效果”文件夹中选择“木刻”效果，设置色阶数为 4、边缘简化度为 4、边缘逼真度为 3
3	添加“纹理”滤镜	在“纹理”文件夹中选择“纹理化”效果，选择纹理为“画布”，设置缩放为 90%、凸现为 8、光照为“上”
4	导出和保存文件	先单击“文件”→“导出”→“导出为”命令，在弹出的对话框中选择以 PNG 或 JPG 格式导出，然后将图像文件存储为 PSD 格式

五、实训评价

实训任务完成后，学生展示作品，解说完成实训任务过程中的心得体会。展示结束后，可以从工具使用、软件操作、作品效果、成果展示等方面，采用学生自评、学生互评、教师评价相结合的多元评价方式，对该实训任务进行评价，见表 3–4–3。

表 3-4-3　实训评价

序号	评价要求	配分 / 分	学生自评（占比 30%）	学生互评（占比 30%）	教师评价（占比 40%）
1	对实训任务的分析准确到位，制订实训计划的思路清晰、合理	10			
2	软件运用熟练，操作得当，小组成员分工明确，配合默契	20			
3	能熟练使用滤镜库为图片添加不同的效果	15			
4	能灵活使用多种滤镜组合突出不同风格	15			
5	最终效果图的版式及构图合理，画面美观	10			
6	成果展示时语言流利、解说准确、理解深刻、逻辑清晰，能较好地与老师、同学进行沟通、交流和分享	20			
7	严格遵守实训课堂管理相关规定，落实 6S 管理规定	10			
综合得分					

六、实训拓展

1. 根据所给图片素材（见图 3-4-4），应用 Photoshop 2023 软件中的滤镜制作雪景，最终效果如图 3-4-5 所示。

图 3-4-4　雪景图片素材

图 3-4-5　雪景最终效果

2. 根据所给图片素材（见图 3-4-6），应用滤镜库中“艺术效果”文件夹中的“塑料包装”效果，制作落日余晖图像效果，最终效果如图 3-4-7 所示。

图 3-4-6　落日余晖图片素材

图 3-4-7　落日余晖图像最终效果

七、知识巩固与提高

1. 想把宣传画中的教学楼制作成铅笔画的效果，最易实现的操作是使用（　　）。

A. 图层样式　　B. 滤镜

C.“铅笔工具”　　D.“油漆桶工具”

2. 为了表现汽车的快速移动，可以使用“（　　）”滤镜。

A. 浮雕　　B. 光照　　C. 风　　D. 仿制图章

3.“扭曲”滤镜能产生（　　）效果。

A. 变形　　B. 负片

C. 模糊　　D. 风格化图形或纹理

4. 在“风”滤镜中，风的处理方式不包括（　　）。

A. 小风　　B. 风

C. 大风　　D. 飓风

5. 下列选项中，属于“模糊”滤镜组中滤镜的是“（　　）”。

A. 晶格化　　B. 表面模糊

C. 去斑　　D. 锐化

实训任务 5　制作风光照片后期效果

一、实训情境

在某广告公司，设计师从设计总监处接受一项风光照片后期效果的调整任务，要求设计师在 30 min 内，根据所提供的风光照片素材（见图 3-5-1），应用 Photoshop 2023 软件进行后期效果的调整，得到图 3-5-2 所示的最终效果。

图 3-5-1　风光照片素材

图 3-5-2　风光照片调整后的最终效果

二、实训分析

要完成本实训任务，应按照图 3-5-3 所示的思维导图复习教材中学到的知识点和技能点。

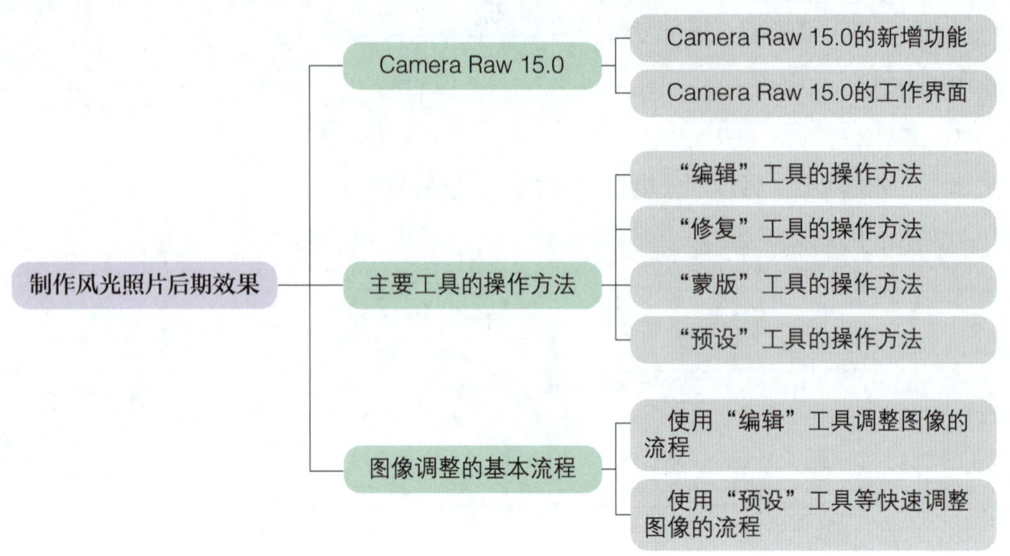

图 3-5-3　教材内容的思维导图

本实训任务是根据设计要求，综合运用 Camera Raw 15.0 中的“修复”工具、“蒙版”工具、“预设”工具等美化风光照片，最后在小组或班级里进行作品展示、分享和评价。在完成实训任务的过程中，应注意运用 Camera Raw 将创作思想加入照片，强化主体，让照片能更好地表达作者的情感，突出作者的拍摄风格。

三、实训计划制订

根据任务分析，制订完成本实训任务的实训计划，填入表 3-5-1 中。

表 3-5-1　实训计划

序号	工作内容	所需时间

四、操作步骤提示

本实训任务的操作步骤提示见表 3-5-2。

表 3-5-2 操作步骤提示

序号	操作步骤	内容
1	打开素材文件	打开风光照片素材文件
2	去除杂物	打开 Camera Raw 15.0 工作界面，运用“修复”工具中的“内容识别移除”工具去除草地中的枯木等，只保留风景部分
3	为天空添加蒙版	单击“蒙版”工具，在“创建新蒙版”中选择“天空”，在下方“颜色”中设置色温为 −30、色调为 +14、饱和度为 +21；在“曲线”中拖动曲线，设置输入为 161、输出为 189；在“效果”中设置纹理为 +5、清晰度为 +50；在“细节”中设置锐化程度为 +50、减少杂色为 +40
4	添加预设	单击“预设”工具，选择“主题：风景”中的“LN05”
5	导出和保存文件	先单击“文件”→“导出”→“导出为”命令，在弹出的对话框中选择以 PNG 或 JPG 格式导出，然后将图像文件存储为 PSD 格式

五、实训评价

实训任务完成后，学生展示作品，解说完成实训任务过程中的心得体会。展示结束后，可以从工具使用、软件操作、作品效果、成果展示等方面，采用学生自评、学生互评、教师评价相结合的多元评价方式，对该实训任务进行评价，见表 3-5-3。

表 3-5-3 实训评价

序号	评价要求	配分 / 分	学生自评（占比 30%）	学生互评（占比 30%）	教师评价（占比 40%）
1	对实训任务的分析准确到位，制订实训计划的思路清晰、合理	10			
2	软件运用熟练，操作得当，小组成员分工明确，配合默契	20			
3	能熟练使用 Camera Raw 15.0 中的各种工具	15			
4	能灵活使用 Camera Raw 15.0，加入作者的创作思想，强化主题风格	15			
5	最终效果图的版式及构图合理，画面美观	10			
6	成果展示时语言流利、解说准确、理解深刻、逻辑清晰，能较好地与老师、同学进行沟通、交流和分享	20			

续表

序号	评价要求	配分 / 分	学生自评（占比 30%）	学生互评（占比 30%）	教师评价（占比 40%）
7	严格遵守实训课堂管理相关规定，落实 6S 管理规定	10			
综合得分					

六、实训拓展

1. 根据所给夜晚风景图片素材（见图 3–5–4），对图像进行后期效果的调整，为天空添加蒙版并设置相关参数，单击“预设”工具，选择“主题：风景”中的“LN10”，最终效果如图 3–5–5 所示。

图 3–5–4　夜晚风景图片素材

图 3–5–5　夜晚风景最终效果

2. 根据所给江边码头风景图片素材（见图 3–5–6），对图像进行后期效果的调整，为天空添加蒙版并设置相关参数，单击“预设”工具，选择“自适应：天空”中的“暴风云”，最终效果如图 3–5–7 所示。

图 3–5–6　江边码头风景图片素材

图 3–5–7　江边码头风景最终效果

七、知识巩固与提高

1.（　　）图像格式可以保存 Photoshop 中的图层信息。

A. BMP　　B. PSD　　C. GIF　　D. JPG

2. 下列关于图像编辑的说法中，错误的是（　　）。

A. 可以将若干幅图像进行拼接，组成一幅新的图像

B. 可以对有划痕或者不够清楚的图像进行加工修改

C. 可以在图像上添加声音

D. 可以将若干幅图像叠放在一起，组成一幅新的图像

3. 下列关于“模糊工具”和“锐化工具”的描述中，不正确的是（　　）。

A.“模糊工具”可降低相邻像素的对比度

B. 它们都可以用于图像细节的修饰

C.“锐化工具”可提高相邻像素的对比度

D. 它们都可以用于图像亮度的调整

4. 下列关于 Camera Raw 15.0 的新增功能的说法中，错误的是（　　）。

A. 新增锐化和减少杂色功能

B. 新增选择人物、选择对象、选择背景等功能

C. 新增人像自适应预设功能

D. 新增使用内容识别移除污点、瑕疵和其他干扰等功能

5. 下列关于图层蒙版的说法中，正确的是（　　）。

A. 只有背景图层才能建立图层蒙版

B. 每个图层只能添加一个图层蒙版

C. 不能在图层蒙版上使用“编辑”菜单中的命令

D. 编辑图层蒙版时可以使用“画笔工具”“橡皮擦工具”

项目四
电商图像的设计

实训任务 1　设计网店标志

一、实训情境

清香蜜橘专业合作社是一家从事蜜橘生产、收购、加工、营销于一体的专业合作组织。在某广告公司，设计师从设计总监处接受一项设计任务，为清香蜜橘专业合作社的网店设计网店标志（后文简称“店标”），要求设计师在 45 min 内，应用 Photoshop 2023 软件进行技术处理，主要技术参数要求如下：文档的宽度为 300 像素，高度为 300 像素，分辨率为 72 像素 / 英寸，颜色模式为 RGB 颜色、16 bit（位），背景内容为白色，最终效果如图 4-1-1 所示。

图 4-1-1　清香蜜橘专业合作社店标最终效果

二、实训分析

要完成本实训任务，应按照图 4-1-2 所示的思维导图复习教材中学到的知识点和技能点。

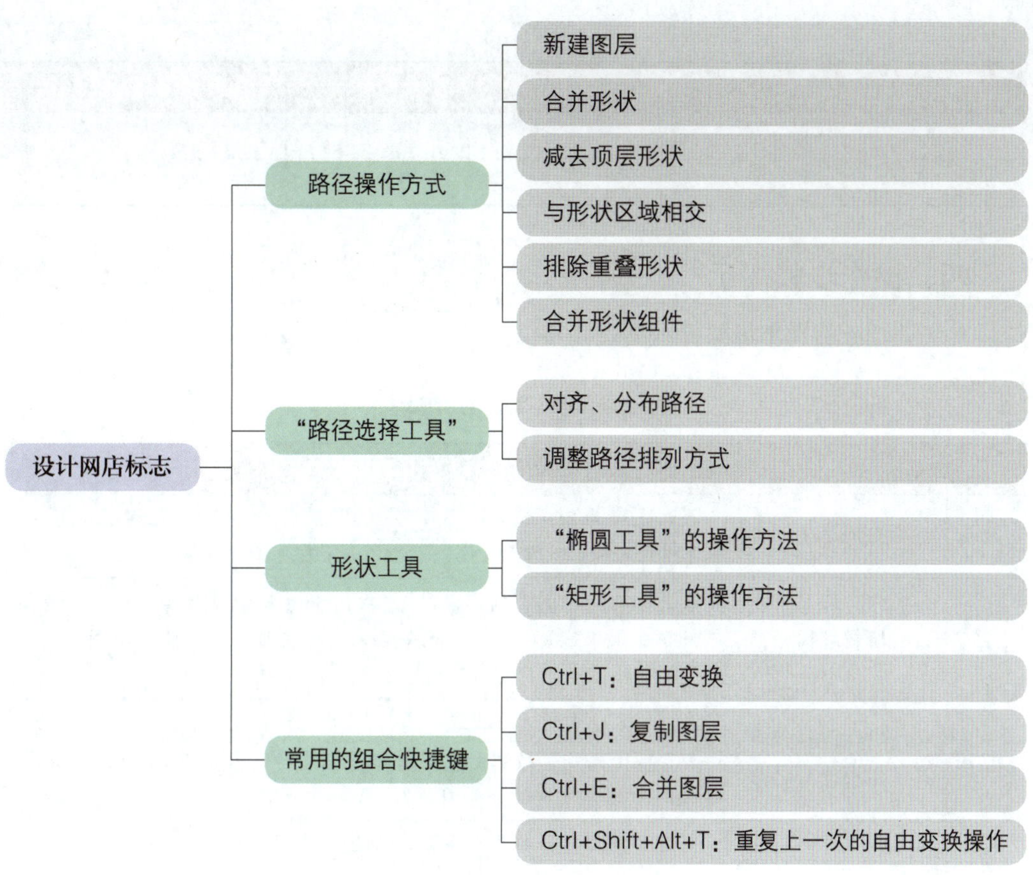

图 4-1-2　教材内容的思维导图

本实训任务要求店标突出蜜橘这一商品的主题风格，使用形状工具、文字工具等进行设计，最后在小组或班级里进行作品展示、分享和评价。在完成实训任务的过程中，应注意路径布尔运算的使用方法与技巧等，店标的设计要突出蜜橘网店的特色，美观大方。

三、实训计划制订

根据任务分析，制订完成本实训任务的实训计划，填入表 4-1-1 中。

表 4-1-1　实训计划

序号	工作内容	所需时间

续表

序号	工作内容	所需时间

四、操作步骤提示

本实训任务的操作步骤提示见表 4–1–2。

表 4–1–2　操作步骤提示

序号	操作步骤	内容
1	新建文档	设置宽度为 300 像素，高度为 300 像素，分辨率为 72 像素 / 英寸，颜色模式为 RGB 颜色、16 bit（位），背景内容为白色
2	绘制形状	单击工具箱中的“椭圆工具”，按住 Shift 键绘制正圆形，将颜色填充为 #e98400，按 Ctrl+J 组合快捷键复制该图层，调整两个圆形的比例、大小和位置，将大圆形置于小圆形的下方
3	设置路径的布尔运算	单击工具箱中的“路径选择工具”，框选两个圆形，在工具选项栏中单击“路径操作”按钮，在弹出的下拉菜单中选择“排除重叠形状”，按 Ctrl+E 组合快捷键合并图层
4	自由变换	利用形状工具，将圆形和三角形进行合并，绘制单个橘子瓣形状，按 Ctrl+T 组合快捷键，将参考点移动到自由变换控件外，将旋转设置为 45 度。按 Ctrl+Shift+Alt+T 组合快捷键 7 次，一共得到 8 个橘子瓣形状，将其调整至适当的大小和位置
5	填充颜色	对橘子瓣形状进行颜色填充，将颜色分别设置为 #ffc600、#ffa800
6	添加文字	单击工具箱中的“横排文字工具”，输入文字“清香蜜橘”，设置字体为“飞波正点体”、字体大小为 54 点、字间距为 200、文本颜色为 #8d5000
7	设置对齐方式	按住 Ctrl 键，选中需要对齐的图层，在工具选项栏中单击“水平居中对齐”按钮，使图像、文字达到协调统一的视觉效果
8	导出和保存文件	先单击“文件”→“导出”→“导出为”命令，在弹出的对话框中选择以 PNG 或 JPG 格式导出，然后将图像文件存储为 PSD 格式

五、实训评价

实训任务完成后，学生展示作品，解说完成实训任务过程中的设计思路和心得体会。展示结束后，可以从设计思路、工具使用、软件操作、作品效果、成果展示等方面，采用学生自评、学生互评、教师评价相结合的多元评价方式，对该实训任务进行评价，见表 4–1–3。

表 4-1-3　实训评价

序号	评价要求	配分 / 分	学生自评（占比 30%）	学生互评（占比 30%）	教师评价（占比 40%）
1	对实训任务的分析准确到位，制订实训计划的思路清晰、合理	10			
2	能使用“椭圆工具”绘制图形	10			
3	熟练掌握路径的布尔运算操作	20			
4	能使用 Ctrl+Shift+Alt+T 组合快捷键绘制图形	20			
5	能使用文字工具完成店标文字的制作	10			
6	最终效果图的版式及构图合理，色彩搭配舒适	15			
7	展示效果好，对作品设计的关键步骤、设计思路解说透彻，层次清楚；分享中有自己的思考和心得，表达能力强，交流沟通效果好	10			
8	严格遵守实训课堂管理相关规定，落实 6S 管理规定	5			
综合得分					

六、实训拓展

1. 秘境花谷景区是以花田欣赏、田园游乐、生态休闲为主要特色的自然生态观光旅游区，要求应用 Photoshop 2023 软件为该景区的网店设计店标，主要技术参数要求如下：文档的宽度、高度均为 300 像素，分辨率为 72 像素 / 英寸，颜色模式为 RGB 颜色、16 bit（位），背景内容为白色；图形颜色分别为 #e45080、#d02f63、#874b93、#5f338b、#2d73ae、#1154a2、#55c2d6、#00b1d0、#94b133、#5d9033；文字字体为“三极泼墨体”、字体大小为 60 点、字间距为 75、文本颜色为 #654a53，最终效果如图 4-1-3 所示。

2. 新鲜水产公司为宣传水产品，拓展线上销售业务，要求应用 Photoshop 2023 软件为其网店进行店标设计，主要技术参数要求如下：文档的宽度、高度均为 300 像素，分辨率为 72 像素 / 英寸，颜色模式为 RGB 颜色、8 bit（位），背景内容为白色；图形颜色分别为 #009cff、#0078ff、#5579ff、#3854ff；中文字体为“思源黑体 Heavy”、字体大小为 11 点、字间距为 75，英文字体为“思源黑体 Medium”、字体大小为 4 点、字间距为 100，文本颜色为 #0018ab，最终效果如图 4-1-4 所示。

图 4-1-3　秘境花谷景区店标最终效果

图 4-1-4　新鲜水产公司店标最终效果

七、知识巩固与提高

1. “(　　)” 可以对路径进行选择。

A. 路径选择工具　　B. 磁性套索工具　　C. 画笔工具　　D. 移动工具

2. 下列图标中，(　　) 表示合并形状。

A.　　B.　　C.　　D.

3. 重复变换的组合快捷键是（　　）。

A. Ctrl+Shift+Alt+T　　B. Ctrl+Shift+I

C. Ctrl+D　　D. Ctrl+Shift+S

4. 用“直接选择工具”可以完成选择（　　）操作。

A. 颜色　　B. 锚点　　C. 工具　　D. 图层

5. 合并图层的组合快捷键是（　　）。

A. Ctrl+A　　B. Ctrl+R　　C. Ctrl+E　　D. Ctrl+J

实训任务 2　设计网店招牌

一、实训情境

在某广告公司，设计师从设计总监处接受一项设计任务，为清香蜜橘专业合作社的网店设计网店招牌（后文简称“店招”）。要求设计师在 45 min 内，应用 Photoshop 2023 软件进行技术处理，主要技术参数要求如下：文档的宽度为 950 像素，高度为 150 像素，分辨率为 72 像素 / 英寸，颜色模式为 RGB 颜色、16 bit（位），背景内容为白色，最终效果如图 4–2–1 所示。

图 4–2–1　清香蜜橘专业合作社店招最终效果

二、实训分析

要完成本实训任务，应按照图 4–2–2 所示的思维导图复习教材中学到的知识点和技能点。

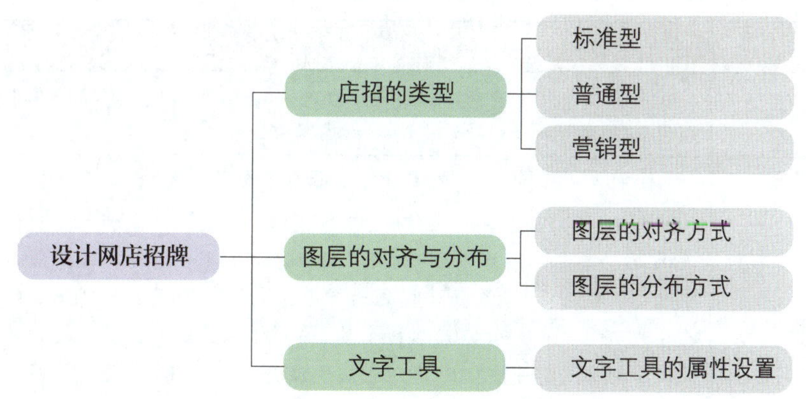

图 4–2–2　教材内容的思维导图

本实训任务要求根据所提供的图片素材，使用形状工具、图层样式、文字工具等进行店招的设计排版，最后在小组或班级里进行作品展示、分享和评价。在完成实训任务的过程中，应注意店招用于展示店铺名称和经营特色，要新颖、醒目和简明，将店招背景的设计与店招宣传语和小图标设计搭配起来，要注重店招设计的排版技巧，最终的设计要符合网店的风格特色，达到引人注目的视觉效果。

三、实训计划制订

根据任务分析，制订完成本实训任务的实训计划，填入表 4–2–1 中。

表 4-2-1　实训计划

序号	工作内容	所需时间

四、操作步骤提示

本实训任务的操作步骤提示见表 4-2-2。

表 4-2-2　操作步骤提示

序号	操作步骤	内容
1	新建文档	设置宽度为 950 像素，高度为 150 像素，分辨率为 72 像素 / 英寸，颜色模式为 RGB 颜色、16 bit（位），背景内容为白色
2	绘制背景	（1）使用“矩形工具”绘制背景，设置填充颜色为 #00a571 （2）使用“钢笔工具”绘制左侧草丛图形，设置填充颜色分别为 #a9f577、#00a571，单击“图层”面板中的“添加图层样式”按钮，在弹出的快捷菜单中选择“投影”，设置混合模式为“正片叠底”、阴影颜色为 #01151b、不透明度为 70%、角度为 13 度、距离为 3 像素、大小为 6 像素。按 Ctrl+J 组合快捷键复制图层，再按 Ctrl+T 组合快捷键进行水平翻转，将图层移动至合适的位置
3	制作导航栏	（1）使用“矩形工具”绘制导航栏，设置矩形宽度为 950 像素、高度为 150 像素、填充颜色为 #efa544 （2）单击“图层”面板中的“添加图层样式”按钮，在弹出的快捷菜单中选择“内阴影”，设置混合模式为“正片叠底”、阴影颜色为黑色、不透明度为 26%、角度为 13 度、距离为 10 像素、阻塞为 8%、大小为 6 像素；选择“内发光”，设置混合模式为“滤色”、不透明度为 49%、发光颜色为白色、方法为“柔和”、源为“边缘”、大小为 7 像素；选择“投影”，设置混合模式为“正片叠底”、阴影颜色为 #01151b、不透明度为 70%、角度为 13 度、距离为 3 像素、大小为 6 像素

续表

序号	操作步骤	内容
3	制作导航栏	（3）单击工具箱中的“横排文字工具”，输入“首页 所有产品 热卖产品 旺铺介绍 在线询价 品牌故事”，设置字体为“思源黑体”、字体大小为 14 点、字间距为 300、文本颜色为白色 
4	导入素材	（1）导入“店标 .png”，单击工具箱中的“椭圆工具”，在画布处单击，绘制宽度为 70 像素、高度为 70 像素的圆形，将圆形图层置于店标图层下方，将两者水平、居中对齐，调整至合适的大小和位置 （2）导入“素材 1.png”，复制该图层，对两个图层分别单击“滤镜”→“模糊”→“动感模糊”命令，分别设置角度为 0 度、距离为 10 像素；角度为 0 度、距离为 20 像素，将两个图层调整至合适的大小和位置
5	添加文字	（1）单击工具箱中的“横排文字工具”，输入“清香蜜橘”，设置其字体为“飞波正点体”、字体大小为 60 点、字间距为 200、文本颜色为 #ffe27c （2）使用“矩形工具”绘制宽度为 235 像素、高度为 20 像素的矩形，单击“链接形状的宽度和高度”按钮，设置圆角半径为 10 像素，将颜色填充为白色，将形状移动至“清香蜜橘”文字下方  （3）单击工具箱中的“横排文字工具”，输入“清甜可口 农户种植 原生态 纯天然”，设置其字体为“思源黑体”、字体大小为 13 点、字间距为 150、文本颜色为 #00a571，将文字与圆角矩形对齐，将文字移动至“清香蜜橘”文字下方 （4）单击工具箱中的“直线工具”，绘制竖线，设置无填充、描边颜色为 #c8d479、描边宽度为 0.5 像素，将直线移动至合适的位置 
6	对齐调整	选中需要对齐的图层，调整文字和图像的位置
7	导出和保存文件	先单击“文件”→“导出”→“导出为”命令，在弹出的对话框中选择以 PNG 或 JPG 格式导出，然后将图像文件存储为 PSD 格式

五、实训评价

实训任务完成后，学生展示作品，解说完成实训任务过程中的设计思路和心得体会。展示结束后，可以从设计思路、工具使用、软件操作、作品效果、成果展示等方面，采用学生自评、学生互评、教师评价相结合的多元评价方式，对该实训任务进行评价，见表 4–2–3。

表 4–2–3　实训评价

序号	评价要求	配分 / 分	学生自评（占比 30%）	学生互评（占比 30%）	教师评价（占比 40%）
1	对实训任务的分析准确到位，制订实训计划的思路清晰、合理	10			
2	能使用“钢笔工具”绘制草丛图形	10			
3	熟练掌握图层样式的编辑方法	20			
4	能熟练应用形状工具绘制图形	10			
5	能使用文字工具完成店招宣传语的制作	10			
6	能对图层进行对齐操作	10			
7	能对导入的素材进行编辑调整，有一定的排版审美能力，效果图和谐美观	15			
8	展示效果好，对作品设计的关键步骤、设计思路解说透彻，层次清楚；分享中有自己的思考和心得，表达能力强，交流沟通效果好	10			
9	严格遵守实训课堂管理相关规定，落实 6S 管理规定	5			
综合得分					

六、实训拓展

1. 秘境花谷景区是以花田欣赏、田园游乐、生态休闲为主要特色的自然生态观光旅游区，要求利用所提供的素材，应用 Photoshop 2023 软件为该景区的网店设计店招，主要技术参数要求如下：文档的宽度为 900 像素，高度为 150 像素，分辨率为 72 像素 / 英寸，颜色模式为 RGB 颜色、16 bit（位），背景内容为白色，最终效果如图 4–2–3 所示。

图 4-2-3　秘境花谷景区店招最终效果

2. 新鲜水产公司拟在某网站开一家网店，要求利用所提供的素材，应用 Photoshop 2023 软件为其网店进行店招设计，主要技术参数要求如下：文档的宽度为 950 像素，高度为 150 像素，分辨率为 72 像素 / 英寸，颜色模式为 RGB 颜色、8 bit（位），背景内容为白色，利用“滤镜”→“扭曲”→“波浪”命令制作波浪形状，设置生成器数为 1，波长最小为 1、最大为 150，波幅最小为 1、最大为 30，比例为水平 100%、垂直 100%，店招最终效果如图 4-2-4 所示。

图 4-2-4　新鲜水产公司店招最终效果

七、知识巩固与提高

1.（　　）快捷键可以快速切换前景色和背景色的位置。

A. X　　B. V　　C. Q　　D. Z

2. 复制图层的组合快捷键是（　　）。

A. Ctrl+A　　B. Ctrl+J

C. Ctrl+Z　　D. Ctrl+L

3. 下列图标中，（　　）是“垂直居中对齐”按钮。

A.　　B.　　C.　　D.

4. 下列选项中，（　　）不是“自由变换”命令能实现的功能。

A. 自由旋转　　B. 透视

C. 填色　　D. 扭曲

5. Alt+Delete 组合快捷键用于填充（　　）。

A. 渐变色　　B. 背景色

C. 图案　　D. 前景色

实训任务 3　设计网店详情页

一、实训情境

一个有差异化、特色化的商品详情页可以有效地提升商品的转化率，从而提升店铺的销售额。在某广告公司，设计师从设计总监处接受一项设计任务，为清香蜜橘专业合作社的网店设计详情页。要求设计师在 60 min 内，应用 Photoshop 2023 软件进行技术处理，主要技术参数要求如下：文档的宽度为 750 像素，高度为 1 800 像素，分辨率为 72 像素 / 英寸，颜色模式为 RGB 颜色、8 bit（位），背景内容为白色，最终效果如图 4–3–1 所示。

图 4–3–1　清香蜜橘专业合作社网店详情页最终效果

二、实训分析

要完成本实训任务，应按照图 4–3–2 所示的思维导图复习教材中学到的知识点和技能点。

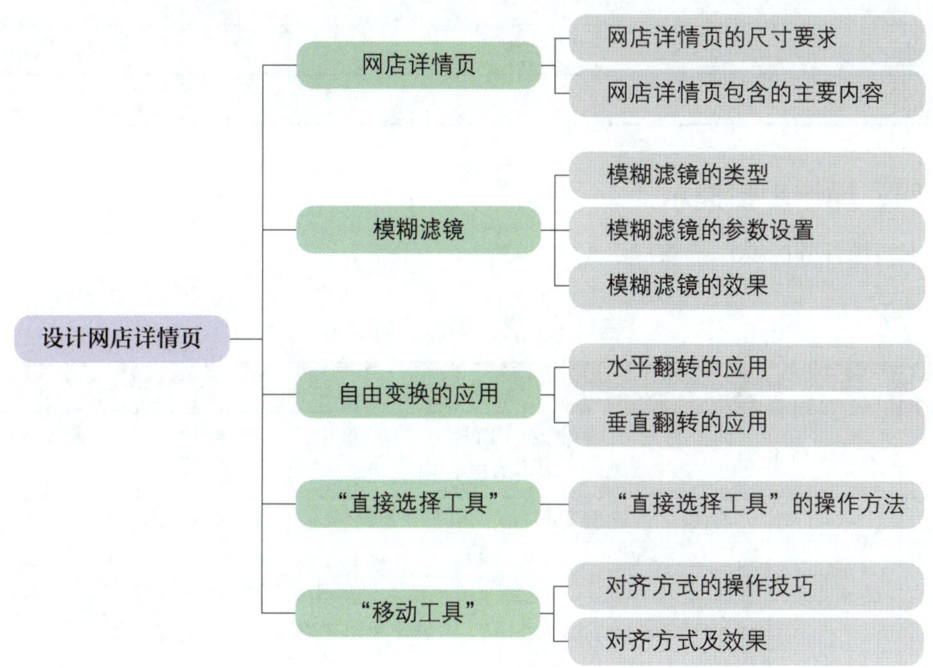

图 4–3–2　教材内容的思维导图

本实训任务要求根据所提供的图片素材，使用形状工具、“渐变工具”、文字工具、图层样式、图层蒙版等进行网店详情页的设计排版，最后在小组或班级里进行作品展示、分享和评价。在完成实训任务的过程中，应注意网店详情页需详细展示商品功能、款式、品质等方面的特点，注重页面布局的整洁、大方，突出商品的卖点及优势。

三、实训计划制订

根据任务分析，制订完成本实训任务的实训计划，填入表 4–3–1 中。

表 4–3–1　实训计划

序号	工作内容	所需时间

续表

序号	工作内容	所需时间

四、操作步骤提示

本实训任务的操作步骤提示见表 4-3-2。

表 4-3-2　操作步骤提示

序号	操作步骤	内容
1	新建文档	设置宽度为 750 像素，高度为 1 800 像素，分辨率为 72 像素 / 英寸，颜色模式为 RGB 颜色、8 bit（位），背景内容为白色
2	绘制背景	设置背景色为 #ff9c00，打开“素材 1”文件，将其移动至画布顶部位置，单击“图层”面板中的“添加图层蒙版”按钮，选中该图层蒙版，单击工具箱中的“渐变工具”，单击“线性渐变”按钮，选择渐变颜色为“Basics”→“Black，White”，在画布中填充渐变，蒙版的白色部分为显现、黑色部分为隐藏，达到渐隐效果
3	制作标题文字	（1）单击工具箱中的“横排文字工具”，输入标题文字“清香蜜橘”，设置字体为“荆南波波黑”、字体大小为 120 点、字间距为 100、文本颜色为 #ff9c00 （2）单击“图层”面板中的“添加图层样式”按钮，在弹出的快捷菜单中选择“内阴影”，设置混合模式为“正片叠底”、阴影颜色为 #ff0000、不透明度为 26%、角度为 64 度、距离为 10 像素、阻塞为 8%、大小为 6 像素；选择“投影”，设置混合模式为“正片叠底”、阴影颜色为 #565d01、不透明度为 70%、角度为 64 度、距离为 11 像素、扩展为 7%、大小为 9 像素 （3）制作标题文字的装饰元素。单击工具箱中的“矩形工具”，绘制宽度为 750 像素、高度为 165 像素的矩形，设置填充颜色为 #e7502e，将该图层置于标题文字图层的下方，单击“添加图层蒙版”按钮，选中该图层蒙版，单击工具箱中的“渐变工具”，单击“线性渐变”按钮，设置渐变颜色为黑色、白色到黑色，单击白色色标，设置位置为 30%，将右侧中点位置设置为 60%，单击“确定”按钮，在画布中填充渐变 

续表

序号	操作步骤	内容
4	制作卖点介绍	（1）单击工具箱中的“横排文字工具”，输入文字内容“优质的种植产地”，设置其字体为“飞波正点体”、字体大小为 90 点、字间距为 100、文本颜色为白色，单击“图层”面板中的“添加图层样式”按钮，在弹出的快捷菜单中选择“投影”，设置混合模式为“正片叠底”、阴影颜色为 #565d01。分别输入“1”“2”“3”“4”“生态种植”“新鲜采摘”等，设置其字体为“思源黑体”、字体大小为 24 点，将数字颜色填充为 #ff9c00、文字颜色填充为白色，将数字和文字分别对齐 （2）制作卖点介绍部分的装饰元素。单击工具箱中的“直线工具”，绘制宽度为 660 像素、高度为 1 像素的直线，将颜色填充为白色，将其调整至合适的位置。单击工具箱中的“椭圆工具”，绘制宽度为 30 像素、高度为 30 像素的圆形，设置填充颜色为白色，将圆形置于数字下层，与数字垂直、水平居中对齐
5	商品图片排版	（1）单击工具箱中的“矩形工具”，绘制两个宽度为 710 像素、高度为 475 像素、4 个圆角半径为 50 像素的圆角矩形，将其调整至合适的位置。拖入商品图片素材“素材 2”“素材 3”，将其分别与圆角矩形对齐，单击商品图片素材图层，创建剪贴蒙版，制作圆角矩形中的图片 （2）单击工具箱中的“横排文字工具”，输入“营养”“成分”“Orange”，设置其字体为“思源黑体”、字体大小为 36 点，设置“营养”文本颜色为白色，设置“成分”“Orange”文本颜色为 #ff9c00，输入“维生素 B”等，设置文字字体为“思源黑体”、字体大小为 24 点、文本颜色为白色，将文字调整至合适的位置 （3）制作装饰元素。单击工具箱中的“矩形工具”，绘制宽度为 663 像素、高度为 442 像素、4 个圆角半径为 47 像素的圆角矩形，设置其为无填充、描边颜色为 #ff9c00、描边宽度为 2.5 像素，将此橙色矩形框与素材 2 水平、垂直居中对齐；绘制宽度为 155 像素、高度为 70 像素的矩形，设置其为无填充、描边颜色为白色、描边宽度为 2 像素，选中此白色矩形框图层，单击鼠标右键，在弹出的快捷菜单中选择“栅格化图层”，单击工具箱中的“矩形选框工具”，删除右侧线框部分；绘制宽度为 115 像素、高度为 50 像素的矩形，设置填充颜色为 #ff9c00，将其调整至合适的位置 （4）单击工具箱中的“矩形工具”，绘制宽度为 140 像素、高度为 40 像素的矩形，设置其左上角圆角半径为 40 像素、右上角圆角半径为 0 像素、左下角圆角半径为 0 像素、右下角圆角半径为 40 像素，按 Ctrl+J 组合快捷键 3 次，得到 4 个圆角矩形，分别设置其填充颜色为 #ae5da1、#22ac38、#ec6941、#13b5b1，并将其与文字垂直、水平居中对齐

续表

序号	操作步骤	内容
6	调整细节	（1）将标题、卖点介绍、图片素材等图层进行图层编组，使图像的修改更加灵活，提高效率 （2）利用图层编组，对整个详情页版面进行位置的调整和对齐，使其整洁有序、和谐美观
7	导出和保存文件	先单击“文件”→“导出”→“导出为”命令，在弹出的对话框中选择以 PNG 或 JPG 格式导出，然后将图像文件存储为 PSD 格式

五、实训评价

实训任务完成后，学生展示作品，解说完成实训任务过程中的设计思路和心得体会。展示结束后，可以从设计思路、工具使用、软件操作、作品效果、成果展示等方面，采用学生自评、学生互评、教师评价相结合的多元评价方式，对该实训任务进行评价，见表 4–3–3。

表 4–3–3　实训评价

序号	评价要求	配分 / 分	学生自评（占比 30%）	学生互评（占比 30%）	教师评价（占比 40%）
1	对实训任务的分析准确到位，制订实训计划的思路清晰、合理	10			
2	能熟练使用图层蒙版处理商品图片	15			
3	熟练掌握图层样式的编辑方法	15			
4	能熟练应用各种形状工具绘制图形	10			
5	能利用剪贴蒙版裁剪图片	10			
6	能对图层进行合理编组	10			
7	对导入的素材进行编辑调整后，排版美观，视觉效果好	15			
8	展示效果好，对作品设计的关键步骤、设计思路解说透彻，层次清楚；分享中有自己的思考和心得，表达能力强，交流沟通效果好	10			
9	严格遵守实训课堂管理相关规定，落实 6S 管理规定	5			
综合得分					

六、实训拓展

1. 为了让更多人了解秘境花谷景区的特色和优势，吸引更多消费者前来观赏，要求为该景区设计网店详情页，应用 Photoshop 2023 软件进行技术处理，主要技术参数要求如下：文档的宽度为 750 像素，高度为 1 800 像素，分辨率为 72 像素 / 英寸，颜色模式为 RGB 颜色、8 bit（位），背景内容为白色，最终效果如图 4-3-3 所示。

2. 品质箱包公司在某网站经营一家网店，为了宣传新产品拉杆箱，要求应用 Photoshop 2023 软件设计网店详情页，主要技术参数要求如下：文档的宽度为 750 像素，高度为 1 800 像素，分辨率为 72 像素 / 英寸，颜色模式为 RGB 颜色、8 bit（位），背景内容为白色，最终效果如图 4-3-4 所示。

图 4-3-3　秘境花谷景区网店详情页最终效果

图 4-3-4　品质箱包公司网店详情页最终效果

七、知识巩固与提高

1. 使用“移动工具”移动图像时，按住（　　）键可以在拖动图像的同时将其复制并生成新图层。

A. Alt　　B. Ctrl　　C. Shift　　D. Tab

2. 在用 Ctrl+T 组合快捷键进行自由变换时，按住（　　）可以完成等比例缩放。

A. Alt+Ctrl 组合键　　B. Ctrl 键

C. Shift 键　　D. Ctrl+Tab 组合键

3. Ctrl+Delete 组合快捷键用于填充（　　）。

A. 渐变色　　B. 背景色

C. 图案　　D. 前景色

4. 剪贴蒙版是一种通过下方图层的（　　）限制上方图层的显示状态，达到剪贴画效果的蒙版。

A. 颜色　　B. 形状

C. 位置　　D. 对比度

5. 绘制圆角矩形时，需要使用“（　　）”。

A. 矩形选框工具　　B. 钢笔工具

C. 矩形工具　　D. 椭圆工具

实训任务 4　设计霓虹灯字

一、实训情境

电商特效文字在各种电商购物节时十分常见，对于注重促销感和氛围感的电商设计来说，字体的特殊效果可以增强活动氛围和画面美观性，能更好地传达电商购物节的活动主题，达到宣传活动的效果。在某广告公司，设计师从设计总监处接受一项设计任务，要求设计师在 45 min 内，应用 Photoshop 2023 软件进行“爆款”霓虹灯字的设计，主要技术参数要求如下：文档的宽度为 800 像素，高度为 500 像素，分辨率为 72 像素 / 英寸，颜色模式为 RGB 颜色、8 bit（位），背景内容为黑色，最终效果如图 4-4-1 所示。

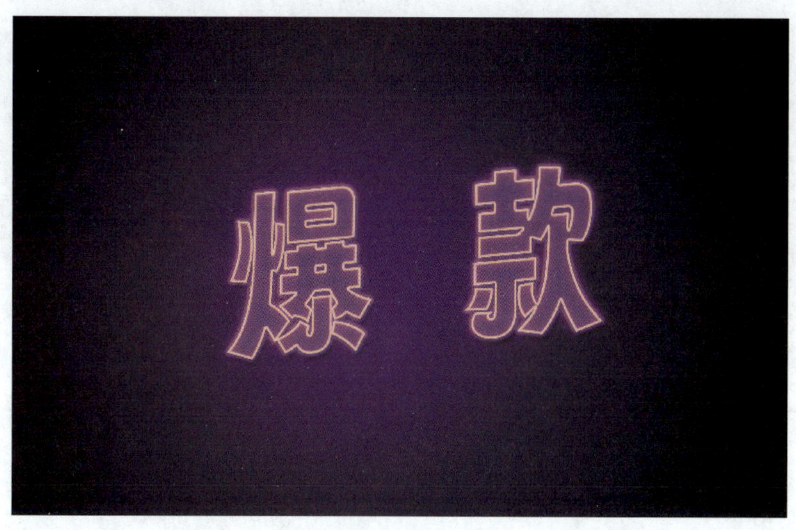

图 4-4-1 “爆款”霓虹灯字最终效果

二、实训分析

要完成本实训任务，应按照图 4-4-2 所示的思维导图复习教材中学到的知识点和技能点。

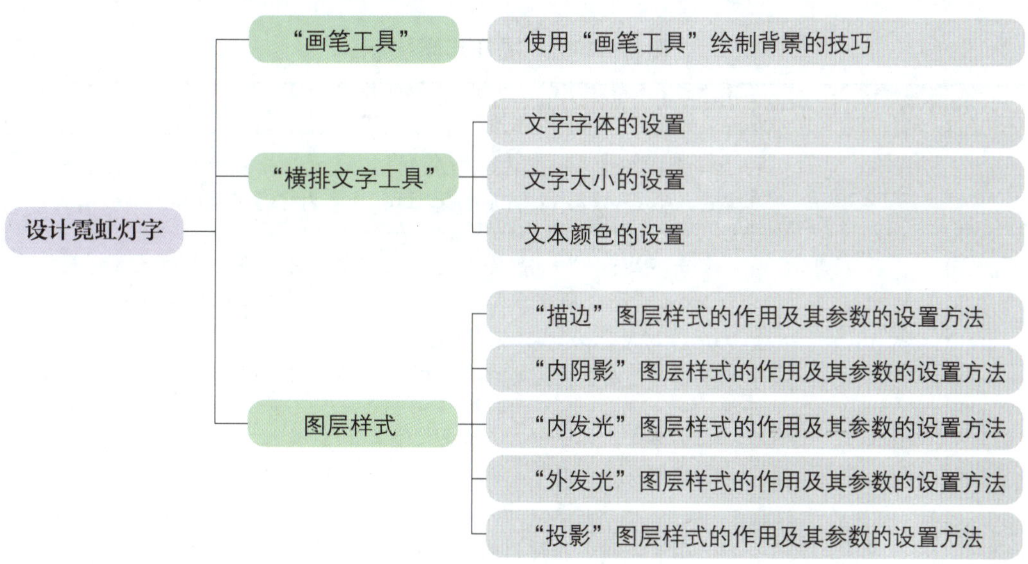

图 4-4-2 教材内容的思维导图

本实训任务要求根据电商活动的特点，设计符合电商活动的霓虹灯字，使用“画笔工具”、文字工具、图层样式等进行特效文字的设计，最后在小组或班级里进行作品展示、分享和评价。在完成实训任务的过程中，应注意文字的美化效果和呈现风格要符合电商活动的主题。

三、实训计划制订

根据任务分析，制订完成本实训任务的实训计划，填入表 4-4-1 中。

表 4-4-1　实训计划

序号	工作内容	所需时间

四、操作步骤提示

本实训任务的操作步骤提示见表 4-4-2。

表 4-4-2　操作步骤提示

序号	操作步骤	内容
1	新建文档	设置宽度为 800 像素，高度为 500 像素，分辨率为 72 像素 / 英寸，颜色模式为 RGB 颜色、8 bit（位），背景内容为黑色
2	绘制背景	单击工具箱中的“画笔工具”，选择画笔为“柔边圆”，设置画笔大小为 1 000 像素、硬度为 0%、模式为“滤色”、不透明度为 100%、流量为 100%、前景色为 #b106ff。调整好画笔后，先在画布的中间单击一下，再单击该图层，设置其填充为 60%
3	制作立体文字	（1）单击工具箱中的“横排文字工具”，输入文字“爆款”，设置其字体为“字魂扁桃体”、字体大小为 180 点、字间距为 540、文本颜色为 #b106ff。选中该文字图层，按 Ctrl+T 组合快捷键，设置旋转为 −5 度，单击鼠标右键，在弹出的快捷菜单中选择“斜切”，拖动右上角的角手柄，设置斜切角度为 −4 度 （2）复制“爆款”文字图层，选中“爆款 拷贝”图层，单击“图层”面板中的“添加图层样式”按钮，在弹出的快捷菜单中选择“描边”，设置其大小为 2 像素、位置为“内部”、混合模式为“正常”、不透明度为 100%、颜色为白色；选择“内阴影”，设置其混合模式为“正片叠底”、阴影颜色为黑色、不透明度为 54%、角度为 114 度、距离为 4

续表

序号	操作步骤	内容
3	制作立体文字	像素、阻塞为 0%、大小为 35 像素；选择“内发光”，设置其混合模式为“滤色”、不透明度为 75%、发光颜色为 #650b8f、图素方法为“柔和”、源为“边缘”、阻塞为 1%、大小为 15 像素、范围为 50%；选择“外发光”，设置其混合模式为“正常”、不透明度为 35%、发光颜色为 #a025b6、图素方法为“柔和”、扩展为 5%、大小为 15 像素；选择“投影”，设置其混合模式为“叠加”、阴影颜色为黑色、不透明度为 35%、角度为 114 度、扩展为 0%、大小为 8 像素 （3）复制“爆款”文字图层，选中“爆款 拷贝 2”图层，单击“图层”面板中的“添加图层样式”按钮，在弹出的快捷菜单中选择“描边”，设置其大小为 2 像素、位置为“内部”、混合模式为“正常”、不透明度为 100%、颜色为白色，单击“确定”按钮，设置图层填充为 0% （4）栅格化“爆款 拷贝 2”图层，单击“图层”面板中的“添加图层样式”按钮，在弹出的快捷菜单中选择“描边”，设置其大小为 2 像素、位置为“内部”、混合模式为“正常”、不透明度为 100%、填充类型为“渐变”，在“渐变编辑器”对话框中渐变条的 0%、50%、100% 处添加色标，设置其颜色分别为 #ff6e02、#ffffff、#ff6e02，设置其样式为“迸发状”；选择“内阴影”，设置其混合模式为“滤色”、阴影颜色为 #f92df7、不透明度为 100%、角度为 114 度、距离为 1 像素、阻塞为 24%、大小为 16 像素；选择“外发光”，设置其混合模式为“叠加”、不透明度为 75%、发光颜色为白色、图素方法为“柔和”、扩展为 40%、大小为 5 像素，范围为 35%；选择“投影”，设置其混合模式为“叠加”、阴影颜色为黑色、不透明度为 40%、角度为 114 度、距离为 7 像素、扩展为 0%、大小为 5 像素
4	导出和保存文件	先单击“文件”→“导出”→“导出为”命令，在弹出的对话框中选择以 PNG 或 JPG 格式导出，然后将图像文件存储为 PSD 格式

五、实训评价

实训任务完成后，学生展示作品，解说完成实训任务过程中的设计思路和心得体会。展示结束后，可以从设计思路、工具使用、软件操作、作品效果、成果展示等方面，采用学生自评、学生互评、教师评价相结合的多元评价方式，对该实训任务进行评价，见表 4-4-3。

表 4-4-3 实训评价

序号	评价要求	配分 / 分	学生自评（占比 30%）	学生互评（占比 30%）	教师评价（占比 40%）
1	对实训任务的分析准确到位，制订实训计划的思路清晰、合理	10			

续表

序号	评价要求	配分 / 分	学生自评（占比 30%）	学生互评（占比 30%）	教师评价（占比 40%）
2	能熟练使用“画笔工具”绘制背景	15			
3	能熟练掌握常用图层样式的参数设置方法	25			
4	能熟练进行自由变换操作	10			
5	能正确复制图层	10			
6	有一定的审美能力，效果图和谐美观	15			
7	展示效果好，对作品设计的关键步骤、设计思路解说透彻，层次清楚；分享中有自己的思考和心得，表达能力强，交流沟通效果好	10			
8	严格遵守实训课堂管理相关规定，落实 6S 管理规定	5			
综合得分					

六、实训拓展

1. 应用 Photoshop 2023 软件制作“限时抢购”立体文字效果，主要技术参数要求如下：文档的宽度为 800 像素，高度为 500 像素，分辨率为 72 像素 / 英寸，颜色模式为 RGB 颜色、8 bit（位），背景内容为黑色。使用文字工具，结合“描边”“内阴影”“颜色叠加”“渐变叠加”“投影”等图层样式进行制作，最终效果如图 4-4-3 所示。

图 4-4-3 “限时抢购”立体文字最终效果

2. 应用Photoshop 2023软件制作“新品上市”文字效果，主要技术参数要求如下：文档的宽度为800像素，高度为500像素，分辨率为72像素/英寸，颜色模式为RGB颜色、8 bit（位），背景内容为黑色。使用“渐变工具”以及“添加杂色”“风”滤镜制作背景，使用文字工具结合形状工具制作“新品上市”文字效果，最终效果如图4–4–4所示。

图4-4-4 “新品上市”文字最终效果

七、知识巩固与提高

1. 下列选项中，不属于图层样式的是“(　　)”。

A. 投影　　B. 斜面和浮雕

C. 倒影　　D. 颜色叠加

2. 在“图层”面板中不可以设置图层的(　　)。

A. 锁定内容　　B. 混合模式

C. 不透明度　　D. 清晰度

3. 默认情况下，还原和切换最终状态的组合快捷键分别是(　　)。

A. Ctrl+Z　　Ctrl+Shift+Z　　B. Ctrl+Shift+Z　　Ctrl+Z

C. Ctrl+Z　　Ctrl+Alt+Z　　D. Ctrl+Alt+Z　　Ctrl+Z

4. 如果想展示字体外边框加粗或者任意颜色围绕字体轮廓扩展的效果，则可以使用“(　　)”图层样式。

A. 外发光　　B. 描边

C. 内阴影　　D. 投影

5. 如果想展示字体凹陷的效果，可以使用“(　　)”图层样式。

A. 内阴影　　B. 描边　　C. 内发光　　D. 投影

实训任务 5　设计网店横幅广告

一、实训情境

在某广告公司，设计师从设计总监处接受一项设计任务，为某网球网店在全民运动季推出的优惠活动设计横幅广告，要求设计师在 45 min 内，应用 Photoshop 2023 软件进行技术处理，主要技术参数要求如下：文档的宽度为 727 像素，高度为 416 像素，分辨率为 72 像素 / 英寸，颜色模式为 RGB 颜色、8 bit（位），背景内容为白色，最终效果如图 4-5-1 所示。

图 4-5-1　网球网店横幅广告最终效果

二、实训分析

要完成本实训任务，应按照图 4-5-2 所示的思维导图复习教材中学到的知识点和技能点。

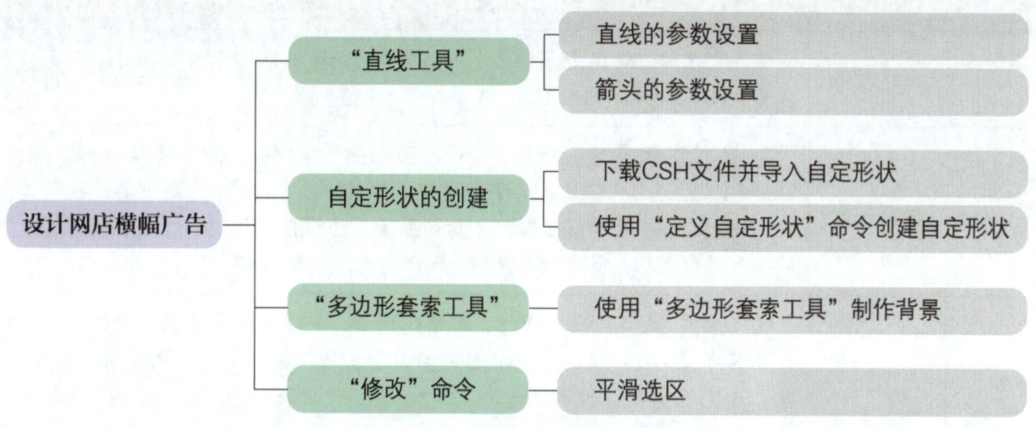

图 4-5-2 教材内容的思维导图

本实训任务要求根据网店经营内容及活动特点，使用“魔棒工具”、形状工具、图层样式、文字变形功能等进行网店横幅广告的设计，最后在小组或班级里进行作品展示、分享和评价。在完成实训任务的过程中，应注意网店横幅广告要突出活动和店铺的卖点，吸引顾客点击购买，文字、图形、色彩的搭配要协调美观。

三、实训计划制订

根据任务分析，制订完成本实训任务的实训计划，填入表 4-5-1 中。

表 4-5-1 实训计划

序号	工作内容	所需时间

四、操作步骤提示

本实训任务的操作步骤提示见表 4-5-2。

表 4–5–2　操作步骤提示

序号	操作步骤	内容
1	新建文档	设置宽度为 727 像素，高度为 416 像素，分辨率为 72 像素 / 英寸，颜色模式为 RGB 颜色、8 bit（位），背景内容为白色
2	绘制背景	单击工具箱中的“矩形工具”，绘制背景形状，设置其填充为渐变“Blue_17”，选择“线性”，设置旋转渐变为 90，单击工具箱中的“椭圆工具”，按住 Shift 键绘制圆形，将其颜色填充为白色，按 Ctrl+J 组合快捷键复制多个圆形图层，适当调整圆形的不透明度、位置和大小
3	导入素材	将“素材 .jpg”拖到画布中，栅格化图层，单击工具箱中的“魔棒工具”，设置其容差为 7，单击选中该图层的白色区域，按 Delete 键删除白色背景，按 Ctrl+D 组合快捷键取消选区。单击“图层”面板中的“添加图层样式”按钮，在弹出的快捷菜单中选择“投影”，设置其混合模式为“正片叠底”、阴影颜色为黑色、不透明度为 25%、角度为 115 度、距离为 12 像素、扩展为 9%、大小为 13 像素
4	文字排版	（1）单击工具箱中的“横排文字工具”，输入文字“全民运动季”，设置其字体为“字魂扁桃体”、字体大小为 60 点、字间距为 300、文本颜色为白色；输入英文“National Sports Season”，设置其字体为“字魂扁桃体”、字体大小为 18 点、字间距为 170、文本颜色为白色；输入文字“买一赠一 优惠多多”，设置其字体为“思源黑体”、字体大小为 24 点、字间距为 200、文本颜色为白色；输入“立即抢购》”，设置其字体为“思源黑体”、字体大小为 18 点、字间距为 100，文本颜色为白色。单击工具箱中的“矩形工具”，绘制宽度为 125 像素、高度为 32 像素的矩形，设置矩形的 4 个圆角半径为 16 像素，设置其填充为渐变“Blue_17”，选择“线性”，设置旋转渐变为 90 （2）单击工具箱中的“横排文字工具”，输入“Tennis 网球运动”，设置其字体为“Aa 厚底黑”、字体大小为 24 点、文本颜色为白色，在工具选项栏中单击“创建文字变形”按钮，选择其样式为“扇形”，选择“水平”，设置弯曲为 +60%；输入文字“专业比赛用球”，设置其字体为“Aa 厚底黑”、字体大小为 24 点、文本颜色为 #4ea99d，对该文字图层重复变形操作，选择“水平”，设置弯曲为 −60%
5	导出和保存文件	先单击“文件”→“导出”→“导出为”命令，在弹出的对话框中选择以 PNG 或 JPG 格式导出，然后将图像文件存储为 PSD 格式

五、实训评价

实训任务完成后，学生展示作品，解说完成实训任务过程中的设计思路和心得体会。展示结束后，可以从设计思路、工具使用、软件操作、作品效果、成果展示等方面，采用学生自评、学生互评、教师评价相结合的多元评价方式，对该实训任务进行评价，见表 4–5–3。

表 4-5-3　实训评价

序号	评价要求	配分 / 分	学生自评（占比 30%）	学生互评（占比 30%）	教师评价（占比 40%）
1	对实训任务的分析准确到位，制订实训计划的思路清晰、合理	10			
2	能熟练使用“魔棒工具”进行抠图	10			
3	能熟练应用各种形状工具绘制形状	10			
4	能熟练为形状填充颜色	15			
5	熟练掌握图层样式的编辑方法	15			
6	能熟练使用文字变形功能	10			
7	效果图的整体布局合理，颜色搭配美观，视觉效果好	15			
8	展示效果好，对作品设计的关键步骤、设计思路解说透彻，层次清楚；分享中有自己的思考和心得，表达能力强，交流沟通效果好	10			
9	严格遵守实训课堂管理相关规定，落实 6S 管理规定	5			
综合得分					

六、实训拓展

1. 某电子产品公司为了在其网店宣传自己的新产品蓝牙耳机，拟应用 Photoshop 2023 软件设计网店横幅广告，主要技术参数要求如下：文档的宽度为 727 像素，高度为 416 像素，分辨率为 72 像素 / 英寸，颜色模式为 RGB 颜色、8 bit（位），背景内容为白色。利用所提供的素材，应用形状工具、文字工具、“渐变工具”等进行设计，最终效果如图 4-5-3 所示。

2. 品质箱包公司为了在其网店宣传自己的新产品拉杆箱，拟应用 Photoshop 2023 软件设计网店横幅广告，主要技术参数要求如下：文档的宽度为 727 像素，高度为 416 像素，分辨率为 72 像素 / 英寸，颜色模式为 RGB 颜色、8 bit（位）。利用所提供的素材，应用形状工具、文字工具、“渐变工具”和图层样式等进行设计，最终效果如图 4-5-4 所示。

图 4-5-3　蓝牙耳机的网店横幅广告最终效果

图 4-5-4　拉杆箱的网店横幅广告最终效果

七、知识巩固与提高

1. 下列关于“多边形套索工具”的描述中，正确的是（　　）。

A. 属于修图工具

B. 可以形成直线型的多边形选区

C. 属于规则选区工具

D. 按住鼠标左键进行拖动就可以形成选区

2. 使用“矩形选框工具”时，（　　）并拖拉鼠标可以鼠标落点为中心绘制矩形选区。

A. 按住 Alt 键　　B. 按住 Ctrl 键　　C. 按住 Shift 键　　D. 按住 Tab 键

3.“矩形选框工具”的按钮图标是（　　）。

A.　　　　B.　　　　C.　　　　D.

4. 使用“（　　）”可以方便地选择连续的、颜色相似的区域。

A. 矩形选框工具　　　　B. 椭圆选框工具

C. 魔棒工具　　　　D. 磁性套索工具

5. 下列操作中，不能通过文字工具选项栏中提供的功能实现的是（　　）。

A. 编辑文字字体　　　　B. 编辑文字的阴影效果

C. 编辑文本颜色　　　　D. 制作扇形文字

项目五
海报的设计

实训任务 1　设计旅游海报

一、实训情境

在某广告公司，设计师从设计总监处接受一项设计任务，为古镇设计旅游海报，以加强古镇旅游宣传，提高其知名度和美誉度。要求设计师在 45 min 内，应用 Photoshop 2023 软件进行设计，主要技术参数要求如下：文档的宽度为 100 毫米，高度为 150 毫米，分辨率为 180 像素 / 英寸，颜色模式为 RGB 颜色、8 bit（位），背景内容为白色，最终效果如图 5-1-1 所示。

图 5-1-1　古镇旅游海报最终效果

二、实训分析

要完成本实训任务，应按照图 5–1–2 所示的思维导图复习教材中学到的知识点和技能点。

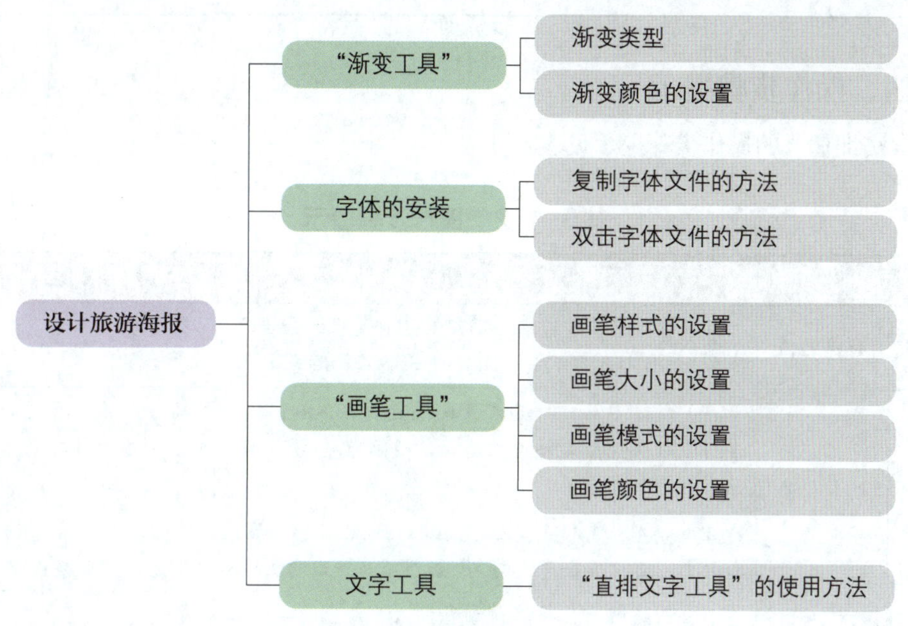

图 5–1–2　教材内容的思维导图

本实训任务要求根据古镇旅游景区的特点，使用“画笔工具”、文字工具等进行旅游海报的设计，最后在小组或班级里进行作品展示、分享和评价。在完成实训任务的过程中，应注意旅游海报要凸显当地旅游特色，起到宣传的作用，版面设计要协调美观，吸引旅游者的注意。

三、实训计划制订

根据任务分析，制订完成本实训任务的实训计划，填入表 5–1–1 中。

表 5–1–1　实训计划

序号	工作内容	所需时间

续表

序号	工作内容	所需时间

四、操作步骤提示

本实训任务的操作步骤提示见表 5-1-2。

表 5-1-2　操作步骤提示

序号	操作步骤	内容
1	新建文档	设置宽度为 100 毫米，高度为 150 毫米，分辨率为 180 像素 / 英寸，颜色模式为 RGB 颜色、8 bit（位），背景内容为白色
2	绘制背景	（1）新建图层，将其前景色设置为 #ffe3bf，单击工具箱中的“画笔工具”，在“旧版画笔”文件夹中选择“硬画布蜡笔”，设置画笔大小为 300 像素，在画布上均匀涂抹 （2）导入“素材 1”文件，按 Ctrl+T 组合快捷键，将其调整至合适的位置和大小，右键单击“素材 1”图层，在弹出的快捷菜单中选择“栅格化图层”
3	绘制笔刷效果	（1）新建图层，将其前景色设置为白色，单击工具箱中的“画笔工具”，在“旧版画笔”文件夹中选择“圆曲线低硬毛刷百分比”，设置画笔大小为 60 像素，在画布上绘制出笔刷效果 （2）导入“素材 2”文件，按 Ctrl+T 组合快捷键，将其调整至合适的位置和大小，右键单击“素材 2”图层，在弹出的快捷菜单中选择“栅格化图层” （3）将“素材 2”图层置于刚绘制的笔刷效果图层上方，右键单击“素材 2”图层，在弹出的快捷菜单中选择“创建剪贴蒙版”
4	文字排版	（1）单击工具箱中的“横排文字工具”，输入文字“趣游古镇”，设置其字体为“三极泼墨体”、字体大小为 68 点、文本颜色为黑色，栅格化文字图层 （2）单击工具箱中的“矩形选框工具”，框选“趣”，按 Ctrl+T 组合快捷键，将其调整至合适的位置，再依次将“游”“古”“镇”分别框选并调整至合适的位置 （3）单击工具箱中的“横排文字工具”，输入拼音“QUYOU GUZHEN”，设置其字体为“思源黑体”、字体大小为 7.5 点、行距为 8.5 点、字间距为 400、文本颜色为黑色；输入文字“小桥流水人家”，选择合适的字体和字体大小，设置文本颜色为黑色，将其调整至合适的位置 （4）新建图层，将前景色设置为 #df251f，单击工具箱中的“画笔工具”，选择“旧版画笔”文件夹中的“重抹蜡笔”，设置画笔大小为 6 像素，在画布中绘制印章效果；单击“直排文字工具”，输入文字“古镇”，选择合适的字体和字体大小，设置文本颜色为白色，将“古镇”图层置于印章效果图层上方，将两个图层调整至合适的位置和大小

续表

序号	操作步骤	内容
5	导出和保存文件	先选择以 PNG 或 JPG 格式导出文件，然后将图像文件存储为 PSD 格式

五、实训评价

实训任务完成后，学生展示作品，解说完成实训任务过程中的设计思路和心得体会。展示结束后，可以从设计思路、工具使用、软件操作、作品效果、成果展示等方面，采用学生自评、学生互评、教师评价相结合的多元评价方式，对该实训任务进行评价，见表 5–1–3。

表 5–1–3　实训评价

序号	评价要求	配分 / 分	学生自评（占比 30%）	学生互评（占比 30%）	教师评价（占比 40%）
1	对实训任务的分析准确到位，制订实训计划的思路清晰、合理	10			
2	能熟练使用“画笔工具”绘制图形	15			
3	熟练掌握剪贴蒙版的应用方法	15			
4	熟练掌握选框工具的使用方法	15			
5	熟练掌握文字的编辑方法	15			
6	效果图的整体布局合理，颜色搭配美观，视觉效果好	15			
7	展示效果好，对作品设计的关键步骤、设计思路解说透彻，层次清楚；分享中有自己的思考和心得，表达能力强，交流沟通效果好	10			
8	严格遵守实训课堂管理相关规定，落实 6S 管理规定	5			
综合得分					

六、实训拓展

1. 使用所给素材，应用 Photoshop 2023 软件设计某风景区旅游海报，最终效果如图 5–1–3 所示。

图 5-1-3　某风景区旅游海报最终效果

2. 某旅游公司为了打造山河城风景区旅游品牌，吸引更多的游客前来游玩，要求应用 Photoshop 2023 软件设计春节七日游旅游海报，主要技术参数要求如下：文档的宽度为 150 毫米，高度为 100 毫米，分辨率为 100 像素 / 英寸，颜色模式为 RGB 颜色、8 bit（位），背景内容为白色，最终效果如图 5–1–4 所示。

3. 某旅游公司为了宣传节假日黄金旅游线路，推广旅游产品，要求应用 Photoshop 2023 软件设计雪山旅游海报，主要技术参数要求如下：文档的宽度为 150 毫米，高度为 100 毫米，分辨率为 100 像素 / 英寸，颜色模式为 RGB 颜色、8 bit（位），背景内容为白色，最终效果如图 5–1–5 所示。

图 5-1-4　山河城风景区旅游海报最终效果

图 5-1-5　雪山旅游海报最终效果

七、知识巩固与提高

1.“渐变工具”选项栏中有（　　）种渐变类型。

A. 3　　B. 4

C. 5　　D. 6

2. 在使用“画笔工具”时，按住（　　）键可临时切换到“吸管工具”。

A. Alt　　B. Ctrl

C. Shift　　D. Tab

3.“渐变工具”不能在（　　）颜色模式下的图像中使用。

A. RGB　　B. 索引

C. Lab　　D. CMYK

4. 相对于 CMYK 颜色模式，下列选项中不属于 RGB 颜色模式的优点的是（　　）。

A. 能够使用更多命令与工具

B. 节约内存，提高运行效率

C. 保留更多的颜色信息

D. 印刷清楚

5. 绘制正五边形时，通常使用“（　　）”。

A. 路径选择工具　　B. 多边形工具

C. 铅笔工具　　D. 多边形套索工具

实训任务 2　设计美食促销海报

一、实训情境

美食促销是餐饮行业营销推广中不可或缺的方式。在某广告公司，设计师从设计总监处接受一项设计任务，为某餐厅设计辣子鸡美食促销海报。要求设计师在 45 min 内，利用所提供的辣子鸡图片素材，应用 Photoshop 2023 软件进行设计，主要技术参数要求如下：文档的宽度为 1 200 像素，高度为 1 600 像素，分辨率为 72 像素 / 英寸，颜色模式为 RGB 颜色、8 bit（位），背景内容为白色，最终效果如图 5-2-1 所示。

图 5-2-1　辣子鸡美食促销海报最终效果

二、实训分析

要完成本实训任务，应按照图 5-2-2 所示的思维导图复习教材中学到的知识点和技能点。

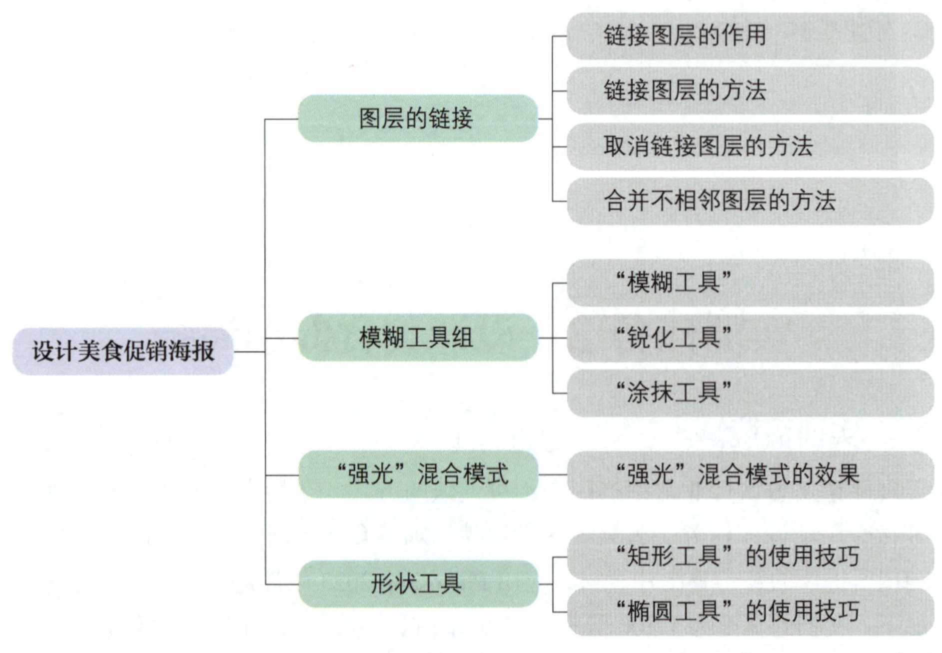

图 5-2-2　教材内容的思维导图

本实训任务要求根据辣子鸡菜品的特点，使用“油漆桶工具”、文字工具、图层样式等进行美食促销海报的设计，最后在小组或班级里进行作品展示、分享和评价。在完成实训任务的过程中，应注意美食促销海报要突出美食产品的特色，版面设计要协调美观。

三、实训计划制订

根据任务分析，制订完成本实训任务的实训计划，填入表 5-2-1 中。

表 5-2-1　实训计划

序号	工作内容	所需时间

四、操作步骤提示

本实训任务的操作步骤提示见表 5-2-2。

表 5-2-2　操作步骤提示

序号	操作步骤	内容
1	新建文档	设置宽度为 1 200 像素，高度为 1 600 像素，分辨率为 72 像素 / 英寸，颜色模式为 RGB 颜色、8 bit（位），背景内容为白色
2	绘制背景	新建图层，将前景色设置为 #ff0000，单击工具箱中的“油漆桶工具”，按 Alt+Delete 组合快捷键填充前景色
3	导入素材，绘制图形	（1）导入图片素材，单击工具箱中的“椭圆工具”，按住 Shift 键在画布中绘制圆形，将圆形和素材调整至合适的大小和位置，载入圆形选区，单击素材图层，按 Ctrl+J 组合快捷键复制出素材部分，将图层命名为“素材 1”，按 Ctrl+D 组合快捷键取消选区，并删除原来的素材图层 （2）选中“素材 1”图层，单击“图层”面板中的“添加图层样式”按钮，在弹出的快捷菜单中选择“斜面和浮雕”，设置其样式为“内斜面”、方法为“平滑”、深度为 440%、方向为“上”、大小为 30 像素、软化为 10 像素、角度为 −150 度、高度为 30 度；选择“描边”，设置

续表

序号	操作步骤	内容
3	导入素材，绘制图形	其大小为 35 像素、位置为“外部”、混合模式为“正常”、不透明度为 100%、颜色为 #f5ef8b；选择“投影”，设置其混合模式为“正片叠底”、阴影颜色为黑色、不透明度为 65%、角度为 −150 度、距离为 15 像素、扩展为 15%、大小为 90 像素，单击“确定”按钮，将此图层调整至合适的大小和位置 （3）单击工具箱中的“椭圆工具”，先绘制宽度为 240 像素、高度为 240 像素的圆形，将颜色填充为 #ece793，设置其描边颜色为 #ff0000、描边宽度为 8 像素，再绘制宽度为 95 像素、高度为 95 像素的圆形，为其设置与上一个圆形相同的填充颜色、描边颜色和描边宽度，单击“图层”面板中的“添加图层样式”按钮，在弹出的快捷菜单中选择“投影”，设置其混合模式为“正片叠底”、阴影颜色为 #541717、不透明度为 70%、角度为 150 度、距离为 8 像素、扩展为 15%、大小为 30 像素，单击“确定”按钮，对两个圆形执行同样的设置图层样式操作，将其调整至合适的位置
4	文字排版	（1）单击工具箱中的“直排文字工具”，输入文字“特色辣子鸡”，设置其字体为“思源黑体”、字体大小为 155 点、行距为 168 点、文本颜色为 #ece793；单击工具箱中的“直排文字工具”，输入文字“重庆美食 鲜香麻辣”，其中按回车键换列，设置其字体为“思源黑体”、字体大小为 70 点、行距为 75 点、文本颜色为 #ece793 （2）单击工具箱中的“横排文字工具”，输入文字“新品 上市”，其中按回车键换行，设置其字体为“思源黑体”、字体大小为 50 点、文本颜色为 #ece793；单击工具箱中的“横排文字工具”，输入文字“辣子鸡介绍”，设置其字体为“思源黑体”、字体大小为 18 点、文本颜色为 #ece793；单击工具箱中的“横排文字工具”，输入文字“辣子鸡是一道……”，设置其字体为“思源黑体”、字体大小为 14 点、行距为 30 点、文本颜色为 #ece793；单击工具箱中的“横排文字工具”，输入“69”，设置其字体为“Impact”、字体大小为 137 点、文本颜色为 #ff0000，输入“¥”，设置其字体为“思源黑体”、字体大小为 78 点、文本颜色为 #ff0000，输入文字“新品上市优惠”，设置其字体为“思源黑体”、字体大小为 29 点、行距为 36 点、文本颜色为 #ece793，按此参数编辑“限时抢购”“10 月 1 日……”等 （3）将所有文字调整至合适的位置
5	绘制装饰元素	单击工具箱中的“直线工具”，绘制一条描边宽度为 1 像素的竖线，设置描边颜色为 #ece793，将竖线移动至“特色辣子鸡”和“重庆美食”中间；单击工具箱中的“直线工具”，绘制一条描边宽度为 0.5 像素的横线，设置描边类型为虚线、描边颜色为 #ece793，将横线移动至“辣子鸡介绍”下方；单击工具箱中的“椭圆工具”，设置其为无填充、描边宽度为 3 像素、描边颜色为 #ece793，绘制宽度为 20 像素、高度为 20 像素的椭圆形，按 Ctrl+J 组合快捷键 2 次，将 3 个椭圆形调整至合适的位置

续表

序号	操作步骤	内容
6	导出和保存文件	先选择以 PNG 或 JPG 格式导出文件，然后将图像文件存储为 PSD 格式

五、实训评价

实训任务完成后，学生展示作品，解说完成实训任务过程中的设计思路和心得体会。展示结束后，可以从设计思路、工具使用、软件操作、作品效果、成果展示等方面，采用学生自评、学生互评、教师评价相结合的多元评价方式，对该实训任务进行评价，见表 5–2–3。

表 5–2–3　实训评价

序号	评价要求	配分 / 分	学生自评（占比 30%）	学生互评（占比 30%）	教师评价（占比 40%）
1	对实训任务的分析准确到位，制订实训计划的思路清晰、合理	10			
2	能熟练运用选区裁剪图像	10			
3	能熟练运用形状工具绘制形状	15			
4	熟练掌握图层样式的参数设置方法	15			
5	能熟练掌握“横排文字工具”“直排文字工具”的使用方法	20			
6	效果图的整体布局合理，颜色搭配美观，视觉效果好	15			
7	展示效果好，对作品设计的关键步骤、设计思路解说透彻，层次清楚；分享中有自己的思考和心得，表达能力强，交流沟通效果好	10			
8	严格遵守实训课堂管理相关规定，落实 6S 管理规定	5			
综合得分					

六、实训拓展

1. 某餐厅为了宣传地道特色美食麻辣小面，要求应用 Photoshop 2023 软件设计麻辣小面美食促销海报，主要技术参数要求如下：文档的宽度为 1 200 像素，高度为

1 600 像素，分辨率为 72 像素 / 英寸，颜色模式为 RGB 颜色、8 bit（位），背景内容为白色，利用所提供的麻辣小面图片素材进行设计，最终效果如图 5-2-3 所示。

2. 大师甜点店为了宣传店铺新品，要求应用 Photoshop 2023 软件设计大师甜点促销海报，主要技术参数要求如下：文档的宽度为 1 200 像素，高度为 1 600 像素，分辨率为 72 像素 / 英寸，颜色模式为 RGB 颜色、8 bit（位），背景内容为白色，利用所提供的大师甜点图片素材进行设计，最终效果如图 5-2-4 所示。

图 5-2-3　麻辣小面美食促销海报最终效果

图 5-2-4　大师甜点促销海报最终效果

七、知识巩固与提高

1.（　　）图层可以将多个图层关联到一起，以便将关联好的图层进行整体的移动、复制、剪切等操作，进而提高操作的准确性和效率。

A. 调整　　B. 链接

C. 填充　　D. 背景

2. 可以使用（　　）创建新的图层样式。

A. 图层的混合模式　　B. 图层的混合选项

C. 色相 / 饱和度　　D. 图层蒙版

3. “（　　）”不属于“图层样式”对话框中列出的样式。

A. 投影　　B. 内发光

C. 描边　　D. 镜头光晕

4. 下列关于背景图层的描述中，正确的是（　　）。

A. 在“图层”面板中，背景图层是不能上下移动的，只能是最下面一层

B. 背景图层可以调整混合模式

C. 背景图层不能转换为其他类型的图层

D. 背景图层不可以执行滤镜效果

5. 下列关于“模糊工具”功能的描述中，正确的是（　　）。

A.“模糊工具”只能使图像的一部分边缘模糊

B.“模糊工具”的强度是不能调整的

C.“模糊工具”可减少图像细节

D.“模糊工具”就是直接降低图像的分辨率

实训任务 3　设计城市宣传海报

一、实训情境

通过城市宣传海报可以将城市的特点、魅力更广泛地展示，从而加深公众对城市的了解。在某广告公司，设计师从设计总监处接受一项设计任务，为某市城楼区设计宣传海报。要求设计师在 45 min 内，应用 Photoshop 2023 软件进行技术处理，主要技术参数要求如下：文档的宽度为 426 像素，高度为 576 像素，分辨率为 300 像素 / 英寸，颜色模式为 RGB 颜色、8 bit（位），背景内容为白色，最终效果如图 5-3-1 所示。

图 5-3-1　某市城楼区宣传海报最终效果

二、实训分析

要完成本实训任务，应按照图 5-3-2 所示的思维导图复习教材中学到的知识点和技能点。

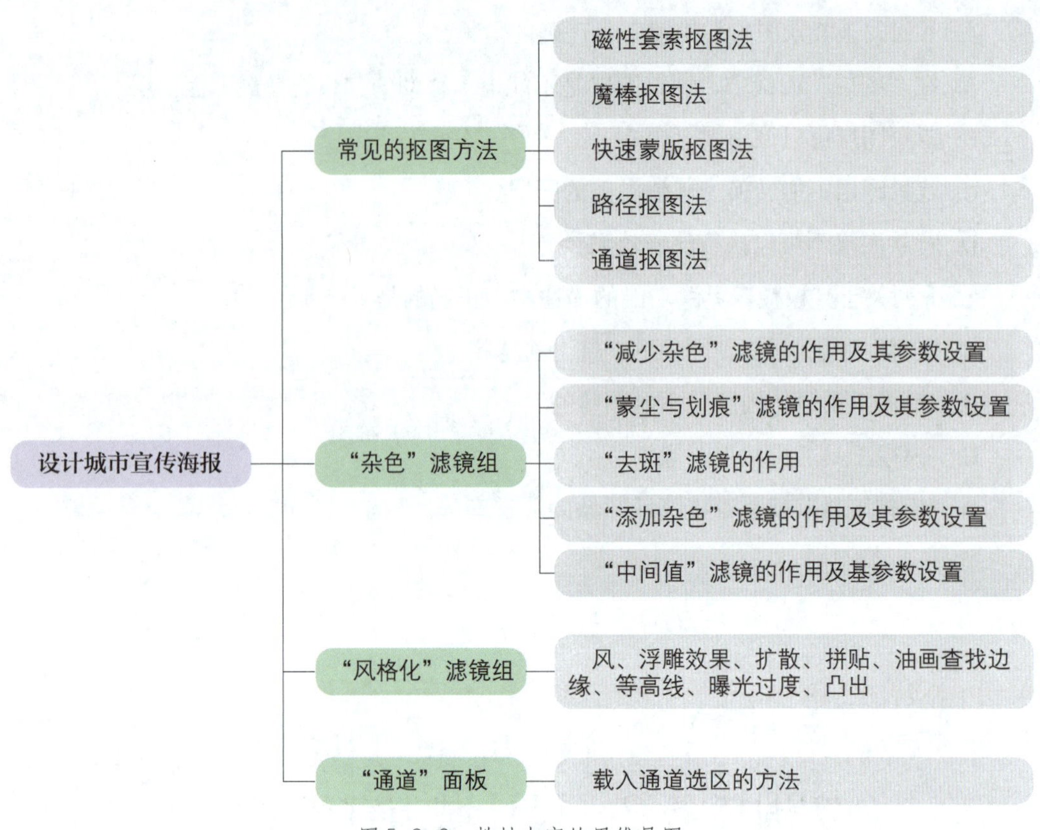

图 5-3-2　教材内容的思维导图

本实训任务要求根据城市特色，使用“画笔工具”、“横排文字工具”和图层样式等进行城市宣传海报设计，最后在小组或班级里进行作品展示、分享和评价。在完成实训任务的过程中，应注意城市宣传海报要突出城市的特色，版面设计要协调美观，避免画面拥挤和过多装饰。

三、实训计划制订

根据任务分析，制订完成本实训任务的实训计划，填入表 5-3-1 中。

表 5-3-1　实训计划

序号	工作内容	所需时间

四、操作步骤提示

本实训任务的操作步骤提示见表 5–3–2。

表 5–3–2　操作步骤提示

序号	操作步骤	内容
1	新建文档	设置宽度为 426 像素，高度为 576 像素，分辨率为 300 像素 / 英寸，颜色模式为 RGB 颜色、8 bit（位），背景内容为白色
2	打开素材文件	打开白云图片素材文件，并将其调整至合适的大小和位置
3	绘制图像	新建图层，单击工具箱中的“画笔工具”，单击“干介质画笔”→“重抹蜡笔”，设置画笔大小为 70 像素，在画布中绘制图像，导入楼图片素材，将其调整至合适的大小和位置，并置于绘制图像的图层上方，右键单击“楼”图层，选择“创建剪贴蒙版”
4	文字排版	（1）单击工具箱中的“横排文字工具”，输入文字“城楼区”，设置其字体为“飞波正点体”、字体大小为 22 点、文本颜色为 #031b25，将文字调整至合适的位置；单击工具箱中的“横排文字工具”，输入文字“地域文化城楼风貌”，设置其字体为“思源黑体”、字体大小为 4 点、字间距为 400、文本颜色为 #104f6c；单击工具箱中的“横排文字工具”，在画布中按住鼠标左键拖动出一个文本框，在文本框中输入文字“城楼区有许多古建筑……”，设置其字体为“寒蝉正楷体”、字体大小为 2.7 点、行距为“自动”、字间距为 -50、文本颜色为 #031b25，设置该文本段落最后一行左对齐 （2）设置以上 3 个文字图层与画布水平居中对齐
5	调整细节	（1）选中“城楼区”文字图层，单击“图层”面板中的“添加图层样式”按钮，在弹出的快捷菜单中选择“内阴影”，设置其混合模式为“正片叠底”、阴影颜色为 #2a3241、不透明度为 100%、角度为 90 度、使用全局光、距离为 9 像素、阻塞为 5%、大小为 8 像素；选择“渐变叠加”，设置其混合模式为“正常”、不透明度为 100%、渐变颜色为“Blue_30”、反向、与图层对齐、角度为 -90 度、缩放为 100%、方法为“线性”，单击“确定”按钮 （2）单击工具箱中的“直线工具”，按住 Shift 键绘制宽度为 215 像素的直线，设置其为无填充，设置描边颜色为 #104e6c、描边宽度为 1 像素，按 Ctrl+J 组合快捷键复制该图层，选中任意一条直线，单击工具箱中的“移动工具”，将其移动至“地域文化城楼风貌”文字上方，将另一条直线移动至文字下方，并将其调整至合适的位置
6	导出和保存文件	先以 PNG 或 JPG 格式导出文件，然后将图像文件存储为 PSD 格式

五、实训评价

实训任务完成后，学生展示作品，解说完成实训任务过程中的设计思路和心得体会。展示结束后，可以从设计思路、工具使用、软件操作、作品效果、成果展示等方面，采用学生自评、学生互评、教师评价相结合的多元评价方式，对该实训任务进行评价，见表 5-3-3。

表 5-3-3　实训评价

序号	评价要求	配分 / 分	学生自评（占比 30%）	学生互评（占比 30%）	教师评价（占比 40%）
1	对实训任务的分析准确到位，制订实训计划的思路清晰、合理	10			
2	能熟练使用“画笔工具”绘制图像	15			
3	能熟练运用剪贴蒙版	10			
4	能熟练使用“直线工具”修饰文字	10			
5	熟练掌握图层样式的参数设置方法	15			
6	能熟练使用“横排文字工具”，文字排版美观	10			
7	效果图的整体布局合理，颜色搭配美观，视觉效果好	15			
8	展示效果好，对作品设计的关键步骤、设计思路解说透彻，层次清楚；分享中有自己的思考和心得，表达能力强，交流沟通效果好	10			
9	严格遵守实训课堂管理相关规定，落实 6S 管理规定	5			
综合得分					

六、实训拓展

1. 山水城为了宣传当地文化特色，要求应用 Photoshop 2023 软件为当地设计宣传海报，主要技术参数要求如下：文档的宽度为 576 像素，高度为 426 像素，分辨率为 300 像素 / 英寸，颜色模式为 RGB 颜色、8 bit（位），背景内容为白色，利用所提供的图片素材进行设计，最终效果如图 5-3-3 所示。

图 5-3-3　山水城宣传海报最终效果

2. 某城市为了宣传当地文化特色，要求应用 Photoshop 2023 软件设计城市宣传海报，主要技术参数要求如下：文档的宽度为 426 像素，高度为 576 像素，分辨率为 300 像素 / 英寸，颜色模式为 RGB 颜色、8 bit（位），背景内容为白色，利用所提供的图片素材进行设计，最终效果如图 5-3-4 所示。

图 5-3-4　“古韵新风”宣传海报最终效果

七、知识巩固与提高

1. 如果在图层上增加了一个蒙版，当要单独移动蒙版时，下列操作中正确的是（　　）。

A. 先单击图层上的蒙版，然后单击“移动工具”

B. 先单击图层上的蒙版，然后单击“对象选择工具”

C. 先要解掉图层与蒙版之间的链接，然后单击“移动工具”

D. 先要解掉图层与蒙版之间的链接，再选择蒙版，然后单击“移动工具”

2. 下列选项中，“（　　）”不是“路径”面板中的按钮名称。

A. 用前景色填充路径　　B. 用画笔描边路径

C. 从选区生成工作路径　　D. 复制当前路径

3. 如果要对文字图层使用某种滤镜，则应先（　　）。

A. 单击“图层”→“栅格化”→“文字”命令或单击“图层”→“智能对象”→“转换为智能对象”命令

B. 直接在“滤镜”菜单中选择一个滤镜命令

C. 确认文字图层和其他图层没有链接

D. 选中这些文字，在“滤镜”菜单中选择一个滤镜命令

4. “（　　）”滤镜无须设定参数。

A. 高斯模糊　　B. 光照效果

C. 进一步模糊　　D. 减少杂色

5. 在“画笔工具”选项栏中不可以设定的内容是（　　）。

A. 流量　　B. 不透明度　　C. 平滑　　D. 容差

实训任务 4　设计创建文明城市宣传海报

一、实训情境

通过创建文明城市宣传海报可让市民更加深入地了解和认识创建文明城市的要求。在某广告公司，设计师从设计总监处接受一项设计任务，要求设计师在 60 min 内，应

用 Photoshop 2023 软件设计以“创建文明城市　构建和谐社会”为主题的宣传海报，主要技术参数要求如下：文档的宽度为 2 400 像素，高度为 1 200 像素，分辨率为 72 像素 / 英寸，颜色模式为 CMYK 颜色、8 bit（位），最终效果如图 5-4-1 所示。

图 5-4-1　创建文明城市宣传海报最终效果

二、实训分析

要完成本实训任务，应按照图 5-4-2 所示的思维导图复习教材中学到的知识点和技能点。

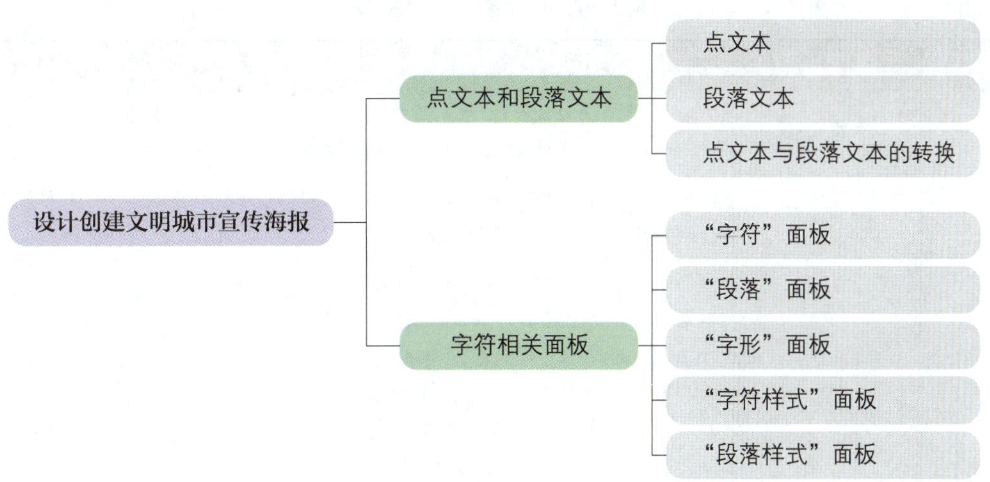

图 5-4-2　教材内容的思维导图

本实训任务要求根据创建文明城市工作要求，使用形状工具、文字工具和图层样

式等进行创建文明城市宣传海报的设计，主要包括绘制背景、制作标题文字、添加装饰元素及制作文字内容等步骤，最后在小组或班级里进行作品展示、分享和评价。在完成实训任务的过程中，应注意宣传海报设计要以润物无声的形式，引导市民争做文明市民，积极参与文明城市的创建，版面设计要有视觉美感。

三、实训计划制订

根据任务分析，制订完成本实训任务的实训计划，填入表 5-4-1 中。

表 5-4-1　实训计划

序号	工作内容	所需时间

四、操作步骤提示

本实训任务的操作步骤提示见表 5-4-2。

表 5-4-2　操作步骤提示

序号	操作步骤	内容
1	新建文档	设置宽度为 2 400 像素，高度为 1 200 像素，分辨率为 72 像素 / 英寸，颜色模式为 CMYK 颜色、8 bit（位）
2	绘制背景	单击工具箱中的“矩形工具”，设置其填充颜色为 #aecdec，在画布中绘制与画布大小一致的背景形状
3	制作标题文字	单击工具箱中的“横排文字工具”，输入文字“创建文明城市　构建和谐社会”，设置其字体为“思源黑体”、字体大小为 100 点、字间距为 280、文本颜色为黑色，单击“仿斜体”按钮，单击“图层”面板中的“添加图层样式”按钮，在弹出的快捷菜单中选择“描边”，设置其大小为 8 像素、位置为“外部”、混合模式为“正常”、颜色为白色；选择“渐变叠加”，设置其混合模式为“正常”、不透明度为 100%，打开“渐变编辑器”对话框，在渐变条 0%、40%、70%、100% 的位置分别添加颜色为 #023885、#4f76b5、#135ca9、#023885 的色标，单击“确定”按钮，设置其样式为“线性”、角度为 80 度；选择“投影”，设置其混合模式为“正片叠底”、阴影颜色为 #1c2957、不透明度为 30%、角度为

续表

序号	操作步骤	内容
3	制作标题文字	90 度、使用全局光、距离为 10 像素、扩展为 27%、大小为 18 像素，单击“确定”按钮 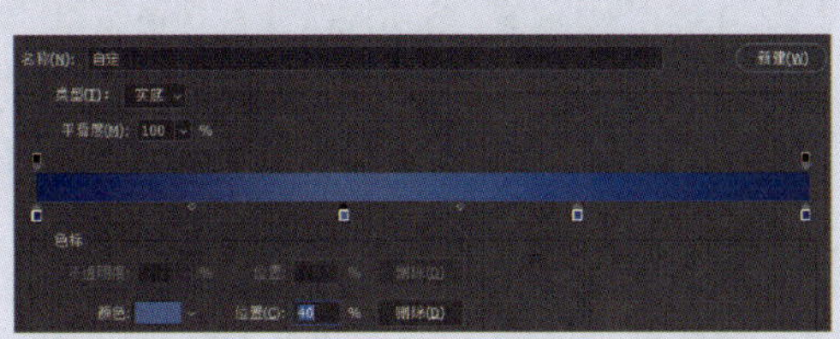
4	添加装饰元素	（1）绘制房子图形。单击工具箱中的“三角形工具”，绘制一个宽度为 142 像素、高度为 60 像素的三角形作为屋顶，单击工具箱中的“矩形工具”，绘制一个宽度为 7.5 像素、高度为 66.5 像素的矩形作为墙壁，再绘制一个宽度为 76 像素、高度为 66 像素的矩形作为房子主体，单击“矩形工具”选项栏中的“路径操作”按钮，在弹出的下拉菜单中选择“减去顶层形状”，在房子主体矩形上绘制一个宽度为 35 像素、高度为 35 像素的矩形作为窗户，对房子图形的图层进行编组 （2）绘制云朵图形。单击工具箱中的“椭圆工具”，先绘制一个宽度为 55 像素、高度为 40 像素的椭圆形，再绘制一个宽度为 67 像素、高度为 60 像素的椭圆形，将其颜色填充为 #2c69b3，将两个椭圆交叉放置在合适的位置，选中两个椭圆形图层，按 Ctrl+E 组合快捷键合并这两个图层，合并后复制该图层，按 Ctrl+T 组合快捷键，单击鼠标右键，选择“水平翻转”，将两个图层交叉放置，按回车键确认 （3）先单击工具箱中的“钢笔工具”，在“钢笔工具”选项栏中选择“形状”，设置其为无填充，设置描边颜色为 #2c69b3、描边宽度为 5 像素，按住 Shift 键绘制直线，再单击“直接选择工具”，对锚点进行微调 （4）绘制底部装饰图形。单击工具箱中的“钢笔工具”，在“钢笔工具”选项栏中选择“形状”，设置其填充颜色为 #2c69b3，在画布中创建一个连续的曲线形状，设置图层填充为 70%，再使用“钢笔工具”创建一个连续的曲线形状，设置填充颜色为 #4473b1，设置图层的混合模式为“正片叠底”、填充为 70%，将两个曲线形状调整至合适的位置
5	制作文字内容	（1）制作文字背景。使用工具箱中的“矩形工具”，在画布中创建宽度为 2 121 像素、高度为 938 像素的矩形，设置其填充颜色为白色，设置左上、右上圆角半径为 20 像素，左下、右下圆角半径为 0 像素，将其与背景图层底部对齐、水平居中对齐，单击“图层”面板中的“添加图层样式”按钮，在弹出的快捷菜单中选择“投影”，设置其混合模式为“正片叠底”、阴影颜色为 #1c2957、不透明度为 20%、角度为 90 度、使用全局光、距离为 8 像素、扩展为 27%、大小为 54 像素 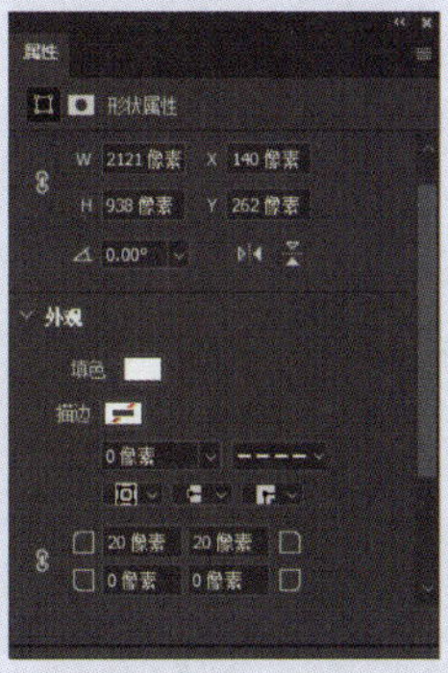

续表

序号	操作步骤	内容
5	制作文字内容	（2）制作“市容市貌”版块。单击工具箱中的“矩形工具”，绘制宽度为 470 像素、高度为 240 像素的矩形，设置其为无填充，设置其描边颜色为 #2c69b3、描边宽度为 4 像素，设置其圆角半径为 10 像素；单击工具箱中的“矩形工具”，绘制宽度为 250 像素、高度为 63 像素的矩形，设置其填充颜色为 #2c69b3、描边颜色为白色、描边宽度为 4 像素，设置其圆角半径为 15 像素，单击“图层”面板中的“添加图层样式”按钮，在弹出的快捷菜单中选择“投影”，设置其混合模式为“正片叠底”、阴影颜色为 #1c2957、不透明度为 35%、角度为 90 度、使用全局光、距离为 6 像素、扩展为 7%、大小为 16 像素；单击工具箱中的“横排文字工具”，输入文字“市容市貌”，设置其字体为“思源黑体 Heavy”、字体大小为 35 点、字间距为 75、文本颜色为白色；单击工具箱中的“横排文字工具”，输入段落文本“（1）规划合理，公共建筑、雕塑、广告牌……”，将段落文本调整至合适的位置。对以上图层进行编组，更改图层组的名称为“市容市貌” 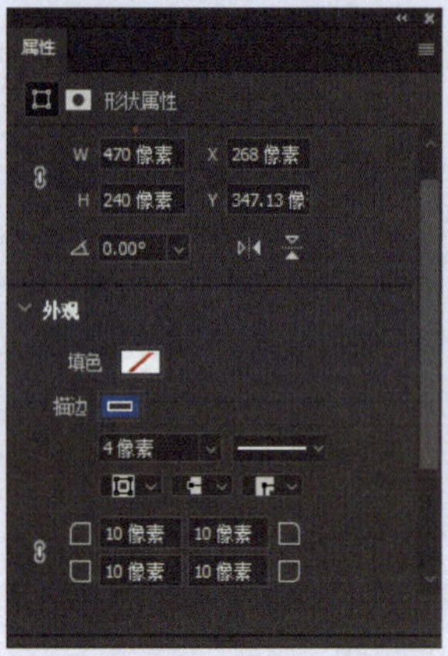 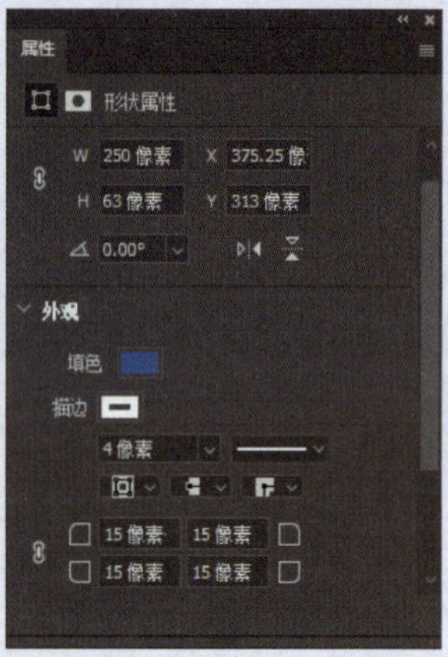 （3）制作“道德要求”版块。复制“市容市貌”图层组，单击“移动工具”，按住 Shift 键将其平移至合适的位置，更换“道德要求”版块的文字内容，按照内容大小调整形状大小，并更改图层组的名称为“道德要求” （4）按照以上操作步骤完成“窗口服务”“市民对城市的满意度”版块的制作 （5）制作“人际互助关系”版块。复制“市容市貌”图层组，单击“移动工具”，按住 Shift 键将其平移至合适的位置，更换“人际互助关系”版块的文字内容，并按内容大小调整形状大小，导入图片“素材 1”“素材 2”，选中素材图层，单击“图层”面板中的“添加图层样式”按钮，在弹出的快捷菜单中选择“描边”，设置其大小为 5 像素、位置为“内部”、混合模式为“正常”、不透明度为 100%、描边颜色为白色；选择“投影”，设置其混合模式为“正片叠底”、阴影颜色为 #1c2957、不透明度为 35%、角度为 90 度、距离为 6 像素、扩展为 7%、大小为 16 像素，

续表

序号	操作步骤	内容
5	制作文字内容	单击“确定”按钮，将两个素材图层设置为同样的图层样式参数，调整图片至合适大小，更改图层组的名称为“人际互助关系”
6	导出和保存文件	先以 PNG 或 JPG 格式导出文件，然后将图像文件存储为 PSD 格式

五、实训评价

实训任务完成后，学生展示作品，解说完成实训任务过程中的设计思路和心得体会。展示结束后，可以从设计思路、工具使用、软件操作、作品效果、成果展示等方面，采用学生自评、学生互评、教师评价相结合的多元评价方式，对该实训任务进行评价，见表 5-4-3。

表 5-4-3 实训评价

序号	评价要求	配分 / 分	学生自评（占比 30%）	学生互评（占比 30%）	教师评价（占比 40%）
1	对实训任务的分析准确到位，制订实训计划的思路清晰、合理	10			
2	能熟练使用“钢笔工具”	15			
3	能熟练使用形状工具	10			
4	能熟练使用渐变编辑器	10			
5	熟练掌握图层样式的应用方法	15			
6	能熟练使用“横排文字工具”	10			
7	效果图的整体布局合理，颜色搭配美观，视觉效果好	15			
8	展示效果好，对作品设计的关键步骤、设计思路解说透彻，层次清楚；分享中有自己的思考和心得，表达能力强，交流沟通效果好	10			
9	严格遵守实训课堂管理相关规定，落实 6S 管理规定	5			
综合得分					

六、实训拓展

1. 某市为了做好垃圾分类宣传，争创文明城市，要求应用 Photoshop 2023 软件设计“参与垃圾分类　共创文明城市”宣传海报，主要技术参数要求如下：文档的宽度为 2 400 像素，高度为 1 200 像素，分辨率为 72 像素 / 英寸，颜色模式为 CMYK 颜色、8 bit（位），最终效果如图 5–4–3 所示。

图 5-4-3 “参与垃圾分类　共创文明城市”宣传海报最终效果

2. 某市为了加大创建文明城市宣传力度，要求应用 Photoshop 2023 软件设计“创建全国文明城市　建设美丽幸福家园”宣传海报，主要技术参数要求如下：文档的宽度为 2 400 像素，高度为 1 200 像素，分辨率为 72 像素 / 英寸，颜色模式为 CMYK 颜色、8 bit（位），最终效果如图 5–4–4 所示。

图 5-4-4 “创建全国文明城市　建设美丽幸福家园”宣传海报最终效果

七、知识巩固与提高

1. 下列说法中，正确的是（　　）。

A. 可以使用“字符”面板设置行距

B. 可以使用“字符”面板设置段落文本对齐方式

C. 可以使用“字符”面板设置首行缩进

D. 可以使用“字符”面板设置段前添加空格

2. 不能对段落文本框进行（　　）操作。

A. 缩放　　B. 透视

C. 旋转　　D. 斜切

3. 文字工具组中包含（　　）。

A.“横排文字工具”“直排文字工具”“横排文字蒙版工具”“直排文字蒙版工具”

B.“横排文字工具”“直排文字工具”“文字蒙版工具”

C.“横排文字工具”“直排文字工具”“横排文字蒙版工具”“直排文字蒙版工具”“路径文字工具”

D.“文字工具”“路径文字工具”“文字蒙版工具”

4. 下列关于文字图层的说法中，正确的是（　　）。

A. 可以创建变形文字，创建完成后文字内容将无法更改

B. 可以更改文本方向，更改完成后文字内容将无法更改

C. 可以添加滤镜效果，添加成功后文字内容可更改

D. 可以设置图层样式，设置成功后文字内容可更改

5.“（　　）”不属于输入文字的工具。

A. 横排文字工具　　B. 直排文字工具

C. 钢笔工具　　D. 直排文字蒙版工具